熱力学講義

Lectures on Thermodynamics

B.Widom
甲賀研一郎
著

裳華房

Lectures on Thermodynamics

by

Benjamin Widom
Kenichiro Koga

SHOKABO

TOKYO

JCOPY 〈出版者著作権管理機構 委託出版物〉

まえがき

　本書『熱力学講義』は，著者のひとり B. Widom がコーネル大学における熱力学および統計力学の講義のために利用した「講義ノート」（正確には 1997 ～ 2007 年の十年間の講義のためのノート）の熱力学部分に基づくものである．加えて，授業中に配布した学生向けの演習問題とその解答が含まれている．当時の授業は大学院生を対象としたもので，初歩的なレベルであれ，すでにこの科目に触れた経験があることを前提としていた．共著者甲賀は 2001 年から約 2 年間コーネル大学にて客員研究員として Widom と共同研究を行い，その間，熱力学および統計力学の授業も聴講した．それ以降，岡山大学において「講義ノート」を大いに参照し，理学部化学科の学部生および大学院生向けの熱力学の講義を行ってきた．その過程で学部学生および大学院生諸氏の予習，復習，あるいは独学に役立つ，〝読める〟講義ノートを作成する計画を立て，その結果が本書となった．

　ここで取り扱う熱力学は古典平衡熱力学であり，例外的に量子理想気体の性質あるいは熱力学第三法則の微視的起源のような統計熱力学の結果を参照した部分もあるが，基本的に熱力学のみで閉じた内容になっている．元のノートを補い，完結させるために，随所で必要に応じて加筆するとともに，"Encyclopedia of Applied Physics, Vol. 21"（John Wiley and Sons, 2003）から，B. Widom による 1 章 'Thermodynamics, Equilibrium' の内容も取り入れている．本書の内容は熱力学の基礎から始まり，やがて学部レベルを超えた話題にまで達する．この〝講義〟の特徴は，熱力学の多種多様な応用を学ぶのではなく，熱力学の原理とそこから導かれる熱力学恒等式を学び，熱力学から結論できることとそうでないことを峻別しながら，重要な具体的問題（相平衡，希薄系，極低温の系の性質）に対して，熱力学から導かれる法則を示すことに重きを置いた点にある．

熱力学の講義あるいは教科書には2通りの流儀がある．1つは，統計熱力学を参照し，あるいはそれと同時に熱力学を学ぶ方法である．統計熱力学とは原子・分子といった微視的要素から巨視的な系が構成されているという事実を出発点とし，個々の系に固有の熱力学的性質を導く学問である．したがって，この流儀によれば，エネルギーやエントロピーという状態関数の微視的起源を了解したうえで熱力学を学ぶことになる．もう1つは，熱力学の範疇を意識的に越えない，純粋に熱力学に集中する流儀である．巨視的な系の微視的構成要素については何も言及せず，熱力学の枠内にとどまり，巨視的な系に普遍的に成立する法則と，そこから導かれる熱力学関数および熱力学関数の間に成立する恒等式などを学ぶ．本書は後者の流儀を採用している．熱力学はそれ自体で完結した物理学の一分野であり，他の分野の原理，法則，視点などを参照せずに学ぶことができる．しかも，その適用範囲はきわめて広い．〝数少ない単純な前提（自然の法則）から出発し，多くの異なる物事を関係づけ，広い適用範囲をもち，そしてその適用範囲内では決して覆ることのない強固な理論．それが熱力学である〟と Einstein はいった．純粋に熱力学に集中し，その基礎を学び，そして駆使する力をつけることには大きな意義があるといえる．

本文中には Quiz，章末には演習問題を添えている．まずは解答がないものとして，手を動かしながらあれこれと考えをめぐらせてみてほしい．熱力学の原理を会得し，具体的問題の理解を深めるための道具として使えるようになるためには，場数を踏むことも重要である．また，本書では単位系を SI に統一しているわけではない．その理由は，物理量の大きさを直感的に理解するためには別の単位を使ったほうがよい場合もあること，そして現実的な問題に対応する場合，単位換算を避けて通ることはできないからである．

本書の準備段階から刊行に至るまでいろいろな方々に助けていただいた．コーネル大学の授業で用いた演習問題とその解答をタイプしてくれたのは Ms. Kelly Case である．さらに，小野奈津子氏と岩垣奈保氏は手書きの講義ノートおよび演習問題と解答の写しから LaTeX 形式のファイルを作成してくれた．また，岡山大学理論物理化学研究室の学生諸氏には，授業で用いた講義ノートの難解な箇所や誤植を指摘してもらった．（株）裳華房編集部の亀井祐樹氏は，企画から出版に至るまで，本書の内容が正確かつ平明に読者に届くように粘り

強く伴走してくださった．お世話になった方々に深くお礼を申し上げる．

2024 年 9 月

Benjamin Widom

甲賀 研一郎

目　次

第1章　熱力学第一法則

1.1　経験的温度と熱力学第ゼロ法則 …………………………… *1*
1.2　仕事と可逆過程 …………… *4*
1.3　エネルギーと熱 ………………… *8*
1.4　エンタルピーと熱容量 ……… *12*
問　題 ……………………………… *16*

第2章　熱力学第二法則

2.1　自発過程 ……………… *20*
2.2　絶対温度 ……………… *21*
2.3　エントロピー ………… *26*
2.4　孤立系のエントロピー ……… *32*
2.5　$S = S(U, V, M_1, M_2, \cdots)$ …… *35*
問　題 ……………………… *43*

第3章　自由エネルギー

3.1　Legendre 変換
　　　—自由エネルギー F と G—
　　　………………………… *45*
3.2　平衡と凸性 ………………… *49*
3.3　ポテンシャル，場，密度 ……… *56*
3.4　化学平衡 ……………………… *63*
3.5　いくつかの熱力学恒等式 …… *65*
問　題 ………………………… *72*

第4章　相 平 衡

4.1　相　　律 ……………… *76*
4.2　相　　図 ……………… *78*
　4.2.1　相図の概要 ………… *78*
　4.2.2　場と密度の混合空間内の
　　　　　相図 ………………… *80*
4.2.3　密度の空間内の相図 ……… *83*
4.2.4　相平衡・臨界点における
　　　　熱力学関数 ………… *85*
4.2.5　不可能な相図
　　　　—180° 則 — ………… *90*

目　次　● *vii*

4.2.6　不可能な相図
　　　　― Schreinemakers 則 ―
　　　　………………………… *92*

4.3　Clapeyron 式 ………………… *93*
4.4　共　沸 ……………………… *101*
問　題……………………………… *105*

第5章　希 薄 系

5.1　状態方程式 ……………… *107*
5.2　希薄気体における化学平衡
　　　………………………… *109*
5.3　ビリアル係数 ……………… *110*
5.4　希薄溶液 …………………… *116*
5.5　束一的性質 ………………… *120*

5.5.1　溶媒蒸気圧降下 ………… *121*
5.5.2　沸点上昇 ………………… *122*
5.5.3　凝固点降下 ……………… *124*
5.5.4　浸 透 圧 ………………… *126*
問　題……………………………… *128*

第6章　熱力学第三法則

6.1　熱力学第三法則とは何か
　　　― Nernst の熱定理の意味 ―
　　　………………………… *131*

6.2　熱力学第三法則の実例 ……… *136*
問　題……………………………… *141*

付録　3相平衡系におけるてこの規則 ……………………………… *143*

もっと勉強するために ……………………………………………… *145*
問題の解答 ……………………………………………………………… *147*
索　引 …………………………………………………………………… *169*

Chapter

1 熱力学第一法則

　熱力学第一法則は単に〝エネルギー変化 ＝ 仕事 ＋ 熱〟のことであると
理解される場合が多い．しかし，それだけではない．第一法則とは，第一
に，普遍的に観測されるある実験事実であり，さらにそこから熱力学に特
徴的な思考法によって導かれる内容の全体を指す．本章の目的は，第一法
則の成り立ちから完成までを明確に理解することである．

　はじめに，そのために必要な概念 —— 温度，系，周囲，断熱，仕事な
ど —— を定義する．次に，仕事にはさまざまな種類があることを学び，
そして，仕事は始状態と終状態のみで決まる状態関数ではないこと，つま
り経路に依存する量であることを確認する．ただし，断熱された系になさ
れる仕事は経路に依存しない．これが礎となる実験事実であり，この自然
法則から 1 つの状態関数の存在が導かれる．それが熱力学におけるエネル
ギーである．そして，ついに熱が定義される．熱力学は，これまで曖昧な
概念であった〝熱〟に厳密な定義を与えたといえる．

1.1　経験的温度と熱力学第ゼロ法則

　この章で用いる〝温度〟という言葉は，単に〝熱さの程度〟を意味する（ち
なみに，第 2 章で導入される絶対温度は，第一法則の範囲内では定義できない
量であり，第二法則に関係して登場する物理量である）．温度を測定するため
には簡単な装置（たとえば水銀温度計）があればよい．その測定値は摂氏

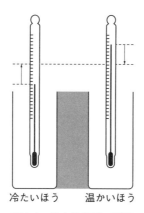

図1.1 熱力学第ゼロ法則

(℃) や華氏 (°F) などの経験的温度目盛を用いて表される．物質の状態変化が起こる温度に特定の値をつけることは簡単で便利である．たとえば 1 atm の水の融点は 0 ℃，沸点は 100 ℃ と定められている．このような特別な温度だけでなく，任意の〝熱さの程度〟を計るための温度目盛をつくるためには，この〝熱さの程度〟に依存する物質の物性を利用する．水銀温度計やアルコール温度計などの液体温度計は熱さの程度に依存して膨張する液体の性質を利用する．非接触での測定が可能な放射温度計は，物質から放射される赤外線強度（これも熱さの程度に依存する物性）を利用している．ある物質の，ある物性を用いて適当に定められた温度目盛のことを**経験的温度目盛**という．物体 A, B, C, …… の各温度が，物体 X の温度と等しいとき，物体 A, B, C, …… の温度は互いに等しい．Maxwell はこの事実を〝等温度則〟と呼び，自明の理ではないことを強調している．この等温度則は**熱力学第ゼロ法則**とも呼ばれているが，第一法則と第二法則という熱力学の基礎が確立したのちにそのように名づけられた．この等温度則のおかげで，ある 1 つの温度計を用いて水と油の温度を比較したり，水温の変化を観察したりすることができる．

　さて，温度の異なる 2 つの物体を熱的に接触させよう（図 1.1）．わざわざ〝熱的に〟といったのは，熱が通じるような接触であることを強調したかったからである．また，2 つの物体がじかに接していなくても，媒体を通じて熱が伝わるような条件でもかまわない．そうすると，最終的に 2 つの物体の温度が

等しくなる（1本の水銀温度計で確められる）．温度が等しくなる過程で，高温側から低温側に熱が〝流れる〟．熱の流れが速いか遅いかは，熱伝導体または断熱材（図1.1のグレー部分）の性能によって決まる．このように温度が等しくなる現象は，2つの容器に液体を入れ，それらの底をチューブで連結したとき，液面の高さが等しくなるように液体が流れる現象に似ている．しかし，熱に関しては〝流れる〟という表現はたとえに過ぎず，熱という流体は存在しない．熱力学が誕生する前から，高温側から低温側に流れ，両者の温度が等しくなるように作用する〝熱〟という概念自体はあった．しかし，これから見ていくように，熱に科学的定義を与えたのは熱力学である（1.3節参照）．

熱力学第一法則を説明するために，最低限必要な用語を定義しておこう．まず，熱力学における**系**とは，私たちの興味の対象のことである．また，系の**周囲**または**環境**とは系以外のすべてのものを指す．したがって〝系 + 周囲〟は，宇宙全体ということになる．

- 系：興味の対象となる部分
- 周囲（環境）：系以外のすべての部分
- 系 + 周囲：宇宙全体

例としてビンに入った炭酸飲料を考えると，興味の対象がビンの内部全体であればそれが系であり，ビンを含むそれ以外のすべてが周囲である．ビンの内部は液相と気相に分かれているはずで，もし考察の対象として液体部分にだけ興味があればそれが系になり，気相，ビン，それ以外は周囲になる．

熱が伝わらないもの（断熱材）で系を取り囲み，周囲から〝熱的に孤立〟させると，系の温度が周囲の温度と等しくなる傾向が止まる（図1.2）．このとき，系は周囲から**断熱**されている，という．熱は周囲から系に流れ込まず，周囲に流れ出ない．その条件のもとで起こる過程は**断熱過程**と呼ばれる．

系が周囲と熱のやりとりをしないことを系が〝熱的に孤立している〟と表現したように，系が周囲と力学的または機械的作用を及ぼしあわないとき，系が力学的に孤立しているという．そして系が熱的にも力学的にも孤立したものであり，周囲との間で物質の移動がなければ，それを**孤立系**と呼ぶ．また，系と周囲との間で物質の移動がない場合，それを**閉じた系**という．本章では閉じた系のみを扱う．第2章以降は，周囲との間で物質の移動も許される**開いた系**の

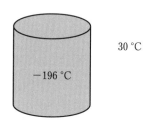

図 1.2 断熱材で周囲から熱的に孤立した系の温度は，周囲の温度と一致しない

熱力学を学ぶ．

1.2 仕事と可逆過程

　周囲（たとえば，人）は系に対して〝仕事〞をすることができる．また，系は周囲に対して〝仕事〞をすることができる．仕事の〝方向〞をはっきりさせるため，**仕事** w を次のように定義する．

　　$w =$ **系になされる**仕事

この定義に従うと，$-w$ は**系が周囲にする**仕事である．本書では一貫してこの定義を用いる．古典熱力学では概念上，可逆過程（reversible process）を考えることが重要になる．このときの仕事を w_{rev} と記す．**可逆過程**とは，その過程を任意の瞬間で止め，熱的にも力学的にも系を孤立させると，系の内部でどのような変化も起こらない過程，つまり，系がどの瞬間にも**平衡状態**にあると見なせる過程である．すなわち可逆過程において，系は数かずの平衡状態を，そして平衡状態のみを巡る*．

　可逆過程においては，どの瞬間も系は平衡状態にあるのだから，過程を進行させる，あるいは逆行させることができるのは，内力と外力との差（内圧と外圧との差）が無限小の場合だけである．そのような過程は無限に遅い．図 1.3 は，ピストンのついた容器に閉じ込められた系が可逆過程を起こす場合の例で

---

* この過程を〝**準静的**〞と呼び，〝**可逆**〞という用語は，系と周囲の両方が初期状態に戻ることのできる過程を指すときもある．

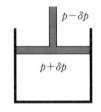

図 1.3 可逆過程の例

ある．過程が可逆であるためには，系の圧力の増分 δp は正でも負でもよいが，いずれにしても δp は無限小でなければならない．

ここでは簡単のために，気体や液体のような等方的な流体について考えよう．体積が V_A から V_B に変化する可逆膨張過程（または可逆圧縮過程）においては，内圧と外圧の区別はなく，圧力は単に p となる．このとき**系になされる仕事**は

$$w_{\rm rev} = -\int_{V_A}^{V_B} p\, dV \tag{1.1}$$

となる．その微分量は

$$dw_{\rm rev} = -p\, dV \tag{1.2}$$

となる（ここで d ではなく，記号 d を使った意味はあとで説明する）．これらの式の右辺のマイナス記号に注意しよう．体積変化によって，周囲から系に対して実際に仕事がなされるとき体積は減少する．すなわち $dV < 0$ である．このとき $w_{\rm rev} > 0$ または $dw_{\rm rev} > 0$ となるように仕事 w を定義しているため，マイナス記号が必要なのである．

図 1.4 は，体積 V の関数としての圧力 $p(V)$ と仕事 w の関係を示している．すなわち，状態 A から B までの圧力曲線の下の面積が $-w$ である．

仕事 w は一般に**経路に依存する**．すなわち，始状態 A と終状態 B の 2 つの平衡状態だけでなく，2 つの状態を結ぶ過程の詳細による．たとえ状態 A から状態 B への過程が可逆過程であっても，そうなのである．図 1.4 に示された曲線 AB はある可逆過程を表し，A と B を結ぶ別の曲線は別の可逆過程に

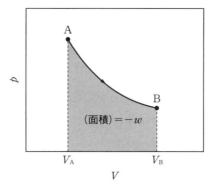

図 1.4 状態 A から B への膨張過程を圧力 (p)-体積 (V) 面において表す曲線 $p(V)$

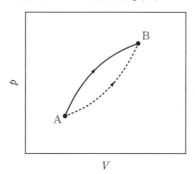

図 1.5 状態 A から B への 2 つの異なる可逆過程に対応する p-V 面上における 2 つの曲線．実線と破線の経路では仕事 w が異なるだけでなく，一般に経路上の温度履歴も異なる

対応する．そして当然のことであるが，曲線の下の面積（$-w$）は 2 点 A, B をどう結ぶか，すなわち経路に依存する．さらに付け加えると，w は p-V 面上に曲線で表される経路 $p(V)$ が存在するか存在しないか，つまり A から B への過程が可逆か不可逆かにも依存する．状態 A から B への複数の可逆過程は，その間に温度がどのように変化するか（温度履歴）によって区別することができる．つまり，異なる経路は異なる温度変化の過程に対応する．たとえば，図 1.5 の p-V 面上における 2 点 A, B を結ぶ異なる曲線は，異なる温度履歴（p-V 面上の経路に沿って変化する温度）をもつ．

　系が出発点と同一状態に戻る過程を**サイクル**という．図 1.6 に示すように，

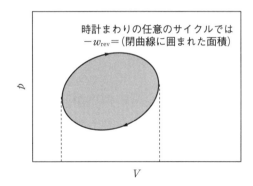

図 1.6 時計まわりの方向に変化する可逆サイクル．系が周囲にする仕事 $-w_{\mathrm{rev}}$ は，閉曲線によって囲まれた面積となる

可逆サイクルは p-V 面上の閉曲線によって表される．閉曲線上の任意の始状態から，時計まわりに系の状態が変化し，元の状態に戻ったとき，閉曲線上部において**系がする**仕事は上部曲線下の面積であり，閉曲線下部において**系になされる**仕事は下部曲線下の面積である．したがって系がする正味の仕事 $-w_{\mathrm{rev}}$ は，閉曲線に囲まれた面積となる．

$$-w_{\mathrm{rev}} = \oint p\,dV$$

周囲が系にする仕事は圧力 p によるものとは限らず，多種多様な仕事がありえる．界面張力 σ や張力（線張力）f による仕事はその例である．系の中で液体が気体と接しており，界面が存在する場合を考えよう．その界面の面積 A が無限小変化することに伴う仕事は

$$đw = \sigma\,dA$$

となる．また，系の中に非常に細い線状の部分があり，その線の長さ l を無限小変化させる過程に伴う仕事は

$$đw = f\,dl$$

となる．ここで式 (1.2) などと異なり，これらの式の右辺にマイナス記号が

8 ● 第1章 熱力学第一法則

ないことに注意しよう. 式 (1.2) で見たように, 圧力 × 体積変化 による仕事 (これを **pV 仕事**という) の場合に $dw = -pdV$ であったのは, 周囲が系に対して実際に仕事をするとき ($dw > 0$) には体積が減少する ($dV < 0$) からだ. 一方, 界面張力 × 面積変化 による仕事の場合, 系に実際に仕事がなされるとき ($dw > 0$), 界面の面積は増大する ($dA > 0$). よって $dw = \sigma dA$ となる. 張力 × 長さ変化 による仕事の場合も同様である.

1.3 エネルギーと熱

これまで "仕事 w は経路に依存する" ということを強調してきた. しかし, 断熱過程 (adiabatic process) において系になされる仕事 w_ad は経路に依存せず, 始状態と終状態にのみ依存する. すなわち, 系を断熱条件に置いて, ある状態から別の状態に複数の方法で変化させても, 系になされる仕事 w はどの場合も等しい. これは実験事実である. 実は, **熱力学第一法則**とは, この普遍的に観測される実験事実にほかならない. 状態 A ⟶ B の断熱過程における, 経路に依存しない仕事 w_ad は

$$\varDelta U = U_\mathrm{B} - U_\mathrm{A}$$

と記すことができる ($\varDelta$ は "何々の変化量" を意味する記号). 別の言い方をすれば, 系の状態にのみ依存する関数 (**状態関数**) U が存在し, その関数は

$$w_\mathrm{ad} = \varDelta U$$

という性質をもつ. 熱力学では, この状態関数 U を系の**エネルギー**と呼ぶ.

断熱過程ではない過程を経る状態変化 (始状態から終状態への変化) を, 別の方法で, 断熱的に起こすことができる場合がある. たとえば, 通常は系を熱することによって起こる状態変化でも, 系と周囲との間で熱を交換することなしに (すなわち断熱条件下で), 水かき羽根の力学的作用によって引き起こすことができる (図1.7). このとき水かき羽根によってなされる仕事は w_ad である. くり返すが, w_ad は断熱条件である限り, 水かき羽根でも他のどのような方法を用いても, 同じ大きさである.

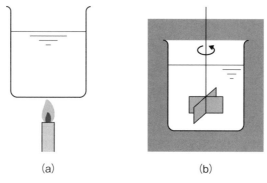

図 1.7 状態変化を起こす方法

 ある変化を断熱的に起こすときの仕事が w_{ad} であり,それと**同じ変化を非断熱的に**起こしたときの仕事が w であったとする.この非断熱過程において,系に"吸収された熱" q は次のように定義される.

$$\Delta U\, (= w_{ad}) = q + w \tag{1.3}$$

熱力学第一法則とは"断熱過程で系になされる仕事 w_{ad} は系の始状態と終状態にのみ依存し,過程の詳細には依存しない"という,普遍的に確認されている観測結果である.すなわち

$$\Delta U = w_{ad}$$

が**自然の法則**であり

$$\Delta U = q + w$$

は**熱** q を**定義**する式である.

> Quiz 状態関数 U が存在することの上の説明では,任意に選んだ状態からすべての状態に断熱的に達することができる,ということを前提としている.しかし,実際には断熱条件では起こせない状態変化もある.非断熱状態変化のなかで,断熱的に起こすことのできる変化と起こすことのできない変化の

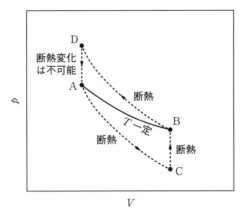

図 1.8 等温膨張過程 A ⟶ B，および断熱過程 A ⟶ C ⟶ B

具体例を考えてみよう．
Answer 閉じた容器内の気体を系とする．状態 A から等温膨張過程によってたどり着く状態 B への変化 A ⟶ B は，断熱的に起こすことができる（図 1.8）．

A から断熱可逆膨張により状態 C に行く．次に，断熱条件を維持し，体積 V を一定に保ちつつ，系に仕事をする（たとえば水かき羽根を挿入し，力学的仕事を行う）．そうして温度 T と圧力 p が上昇し，状態 B に至る．このようにすれば，断熱条件を保ちつつ，状態 B に達することができる．逆の状態変化 B ⟶ A はどうだろうか．これは断熱過程によってたどり着けないだろう．たとえば，まず断熱可逆圧縮過程により B ⟶ D の変化を起こす．これは可能である．しかし，次に断熱定積過程 D ⟶ A によって，圧力を下げることはできない．したがって断熱過程だけで B から A に行くことは不可能だ．

断熱条件では，どのようにしても実現できない状態変化もある．しかし始状態と終状態を逆にした状態変化を考えれば，それは断熱的に起こすことができるということがある（ちょうど上で見たように）．また第 3 の状態を経て，始状態と終状態を断熱的につなぐ方法もある[*]．このような過程を考えれば，状態関数 U は定義できる．◆

---

[*] H. Reiss, "Methods of Thermodynamics"（Dover, 1997）pp. 38-41.

w は一般に経路に依存するが，ΔU は始状態と終状態にのみ依存し，過程の詳細によらない．したがって，q は一般に経路に依存することになる．ある過程における正味の仕事 w は，その過程の無限小部分における無限小仕事 dw の和（積分）であり，同様に系に吸収される正味の熱 q は無限小熱 dq の和である．

$$w = \int dw, \quad q = \int dq$$

これら w と q は**経路に依存する**．記号 d は**不完全微分**を示す．すなわち，その積分は始状態 A と終状態 B だけでなく過程の詳細に依存する．一方，**完全微分**である dU の積分は経路によらない．

$$\Delta U = \int_{U_{\mathrm{A}}}^{U_{\mathrm{B}}} dU = U_{\mathrm{B}} - U_{\mathrm{A}}$$

dw と dq の不完全性は，両者の和をとると打ち消される．すなわち

$$\underset{\substack{\uparrow\\ \text{完全微分}}}{dU} = \underset{\substack{\uparrow\\ \text{不完全微分}}}{dq} + \underset{\substack{\uparrow\\ \text{不完全微分}}}{dw} \tag{1.4}$$

式 (1.2) の無限小量 $dw_{\mathrm{rev}} = -p\,dV$ は，どのような関数 $f(p, V)$ の微分でもない．一般に，2 変数の関数 $z(x, y)$ の完全微分 dz は

$$dz = \left(\frac{\partial z}{\partial x}\right)_y dx + \left(\frac{\partial z}{\partial y}\right)_x dy$$

である．ここで

$$\frac{\partial^2 z}{\partial x\,\partial y} = \frac{\partial^2 z}{\partial y\,\partial x}$$

であることに注意すると，完全微分の判定法は以下のようになる．

12 ● 第1章 熱力学第一法則

完全微分の判定法　無限小量 $f(x,y)dx + g(x,y)dy$ は

$$\frac{\partial f(x,y)}{\partial y} \equiv \frac{\partial g(x,y)}{\partial x}$$

ならば完全微分（x と y の関数の微分），そうでなければ不完全微分である.

　この判定法を使うと，$-pdV$ が不完全微分であることがわかる．なぜなら，$-pdV \equiv -pdV + 0 \cdot dp$ に注意すると

$$\frac{\partial(-p)}{\partial p} = -1, \quad \frac{\partial 0}{\partial V} = 0$$

よって，これは不完全微分である.

> Quiz　pV 仕事の微分量 $-pdV$ は不完全微分である．別の微分とこれの和が完全微分になるような，微分の例をあげよ.
>
> **Answer**　たとえば，不完全微分 $-Vdp$ を加えると，$-pdV - Vdp$ となる．これは上の判定法を用いればすぐに確められるように，完全微分である.
> 　いま，これを $d\Omega$ と書こう．その積分は，$\Omega = -pV +$ 定数 となり，状態 (p_1, V_1) から状態 (p_2, V_2) へどのような経路をとっても，$\Delta\Omega = p_1V_1 - p_2V_2$ であり，始状態と終状態にのみ依存する.　◆

　1変数の微分 $f(x)dx$ は**常に**完全微分である．なぜなら，どのような場合でも $f(x)dx = dz(x)$ であるような関数 $z(x)$ が，積分

$$z(x) = \int^x f(x)dx, \quad \int_a^b f(x)dx = z(b) - z(a)$$

によって得られるからだ.

1.4　エンタルピーと熱容量

　系になされる仕事が pV 仕事のみであり，なおかつ体積 V が一定である条件は，系が周囲から力学的に孤立した状態にあることを意味する．そのような条件のどのような過程に対しても $w = 0$ であり，よって

1.4 エンタルピーと熱容量

$$\varDelta U = q \quad (Vは一定) \tag{1.5}$$

となる．すなわち，体積一定条件で起こる変化では，系が吸収した熱 q を測定すれば，変化前後のエネルギー差 $\varDelta U$ がわかる，ということだ．一方，多くの実験は圧力一定条件下で行われる．ここで，新しい状態関数（系の状態の関数）**エンタルピー** H を定義しよう．

$$H \equiv U + pV \tag{1.6}$$

系になされる仕事が pV 仕事のみの場合，圧力一定の条件で状態変化が起こると（図 1.9）

$$w = -p\varDelta V = -\varDelta(pV)$$

よって

$$\varDelta U = q - \varDelta(pV)$$

つまり

$$\varDelta(U + pV) = q$$

となる．すなわち

$$\varDelta H = q \quad (pは一定) \tag{1.7}$$

となる．

以上で示したことをまとめると，次のようになる．

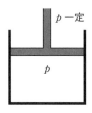

図 1.9 圧力一定の条件での状態変化

14 ● 第1章 熱力学第一法則

仕事が pV 仕事のみの条件で

- 体積一定の変化で，系が吸収する熱 q は ΔU に等しい．
- 圧力一定の変化で，系が吸収する熱 q は ΔH に等しい．

これらの条件のもとでは，q は始状態と終状態にのみ依存する．

Quiz 次の(a), (b)の変化に対する $\Delta U, \Delta H, w, q$ の大きさ，符号について
わかることは何か．ただし系は容器内部とし，それ以外は周囲とする．

(a) 体積の変化しない堅牢な断熱容器に，反応性の高い化学種が封入され
ている．その後，自発的に発熱反応が起こり，内部の温度は上昇した．

(b) ピストンのついた容器に封入された気体が，図1.6のような p-V 面内
の閉曲線上の点で表される始状態から，反時計まわりに1周し，再び始状態
に戻る変化を起こした．

Answer (a) 系に対して周囲から仕事はなされていない．すなわち

$$w = 0$$

また，系の内部でどのような発熱反応が起ころうが，断熱容器であるので周
囲から系への熱の流入はなく，したがって

$$q = 0$$

よって第一法則より

$$\Delta U = w + q = 0$$

反応前後で温度，圧力は変化しているため，初期状態と終状態は異なる．し
かし，この条件ではエネルギーは変化しない．エンタルピー H の変化は定
義（式1.6）より

$$\Delta H = \Delta U + \Delta(pV)$$

であり，いま $\Delta U = 0$, $\Delta V = 0$ より

$$\Delta H = V \Delta p$$

この ΔH が正か負かは圧力変化 Δp の符号による．発熱反応で温度が上昇し
ても圧力は減少することもありえるため，$\Delta p, \Delta H$ の符号については何もい
えない．

(b) U と H は系の状態にのみ依存する熱力学関数であるため

$$\Delta U = \oint dU = 0, \quad \Delta H = \oint dH = 0$$

また，サイクルが p-V 面上で反時計まわりであるから，系になされた仕事

$$w = \oint dw$$

は閉曲線に囲まれた面積であり，これは正である．系に与えられた熱

$$q = \oint đq$$

は

$$q = \varDelta U - w = -w$$

である．

　dU と dH は完全微分であり，任意の閉曲線を1周して元の状態に戻る経路に沿った積分は必ず0である．一方，$đw$ と $đq$ は不完全微分であり，特別な場合を除いて積分は0にならない．　◆

　無限小過程で系に吸収される熱 $đq$ と，そのときの無限小の温度上昇 dt（t は任意の**経験的温度**）との比 $đq/dt$ は系の**熱容量** C と呼ばれる．

$$C = \frac{đq}{dt}$$

体積 V が一定の条件で，熱の吸収が起こるときの C は**定積熱容量** C_V といい

$$C_V = \frac{đq}{dt} \quad （V は一定）$$
$$= \left(\frac{\partial U}{\partial t} \right)_V$$

圧力 p が一定の条件では**定圧熱容量** C_p という．

$$C_p = \frac{đq}{dt} \quad （p は一定）$$
$$= \left(\frac{\partial H}{\partial t} \right)_p$$

上の偏微分の表記は，V（または p）だけでなく，系を構成する化学成分量も固定されていることを意味する（これは熱力学では標準的な表記法である）．

　あとで学ぶ熱力学第二法則より

16 ● 第1章 熱力学第一法則

$$C_p \geq C_V$$

であることが導かれる（式 3.42）．このことは，U と H の別の偏導関数 $(\partial U/\partial V)_t$ と $(\partial H/\partial p)_t$ が，直接測定可能な熱力学量から計算できること（式 3.36, 3.37 を参照）を見たあとに学ぶことになる．このとき現れる式（3.36）と（3.37）も第二法則から導かれる．

　一般に，系の熱力学状態は，熱力学変数を座標軸とする空間内の点で表される．このような空間を**熱力学空間**と呼ぶ（4.1 節ではこれをより正確に定義する）．具体的には，仕事が pV 仕事のみで，化学成分量が固定された条件では，2 個の熱力学変数の値を定めると，系の熱力学状態が定まる．したがって，この系の熱力学空間は 2 次元になる．

$$\left(\frac{\partial U}{\partial t}\right)_V \quad \text{および} \quad \left(\frac{\partial U}{\partial V}\right)_t$$

では，U を変数 V と t の関数 $U(V, t)$ と見なしている．このとき，熱力学状態は V–t 空間内の点で表される．また

$$\left(\frac{\partial H}{\partial t}\right)_p \quad \text{および} \quad \left(\frac{\partial H}{\partial p}\right)_t$$

では，H を変数 p と t の関数 $H(p, t)$ と見なし，熱力学状態は p–t 空間内の点によって定まる，と考える．

━━━━━━━━━━━━━ 問　題 ━━━━━━━━━━━━━

1　100 ℃，1 atm において水 1 mol が蒸発するときに系（ここでは水）がなす仕事を計算せよ．ただし，この条件における水蒸気は理想気体と見なし，$pV = nRT$ の関係式に従うとしてよい．なお，ここで n はモル数，T は第 2 章で定義される絶対温度，R は気体定数と呼ばれる普遍定数で $R = 8.31446$ J/(K mol) である．また，この仕事を蒸発熱（4.061×10^4 J/mol）と比較し，蒸発で系が吸収する熱と，系がなす仕事との間に大きな差があることを分子レベルの視点から説明せよ．

2　一定圧力 1 atm のもとで系が 1 cm³ だけ膨張するときに系がなす仕事は，界面

張力 73×10^{-3} N/m（20 °C の水-空気界面の界面張力）に対して，気液界面の面積を 1 cm² だけ増大するときに系になされる仕事に比べて格段に大きいことを示し，このような大きな差の原因を考えよ．

Chapter 2 熱力学第二法則

　熱力学第二法則は，自発的に進行する変化についての実験事実を自然法則として表したものである．その内容はとくに驚くようなことではなく，私たちが日常的な経験から知っているか，当然そうだろうと思うような常識的な事実である．熱を仕事に変換する "エンジン" を用いて説明すると "エンジンが吸収する熱をすべて仕事に変えることは不可能である" ということだ．

　次に Carnot サイクルという，等温過程と断熱過程とが交互に進行する循環過程について考察する．Carnot サイクルの効率は 2 つの等温過程の経験的温度 t_1, t_2 のみに依存することが第二法則から導かれ，このことから絶対温度 T が定義される．さらに，絶対温度の逆数と可逆無限小変化における無限小熱の積 $(1/T)dq_{rev}$ が完全微分になることが示される．これより，新しい状態関数 —— エントロピー —— の存在が導かれる．

　エントロピーには 2 つの重要かつ基本的な性質がある．1 つは，孤立系のエントロピーは自発過程が進行するときに増大すること．もう 1 つは，エントロピーをエネルギー，体積，化学成分量の関数と見なせば，エントロピーはそれらすべての変数に対して凹関数である（下に凹である）ということだ．

2.1 自発過程

自然界では自発的に進む過程はめずらしいものではない．"自発的に進む"とは，系の外からの作用なしに進むということである．したがって**自発過程**は，系が周囲から熱的に孤立し，かつ力学的に孤立していても起こるものである．たとえば，系の中に高温の部分と低温の部分とがあるとき，高温側から低温側へ熱が流れる．また，気体で満たされた空間の一部分で気体濃度が高く，その他の場所では濃度が低い場合，空間全体で濃度が均一になるように局所濃度が変化する．これらの"熱の流れ"や"局所濃度の変化"は自発過程であり，系が平衡状態に達するまで止まることはない．

このような自発過程を利用すれば，私たちは仕事を手に入れることができる．そして実際にそうしている．最初の例の場合，熱の流れを間接的に起こすことによって仕事が生み出せる．図 2.1 のように，温度 t_1, t_2 の 2 つの**熱浴***と温度 t の気体の入ったシリンダーを用意する．気体の温度 t は熱浴の温度に対して，$t_1 < t < t_2$ となるように選ぶ．高温熱浴の温度は t_2，低温熱浴の温度は t_1 である．

まず，可動ピストンのついたシリンダーに密閉された気体からなる系（"エンジン"）を高温熱浴に入れる．そうすると気体は温まって膨張し，ピストンが上昇して仕事をする（温度が上がれば気体は膨張するが，しかし一般には，

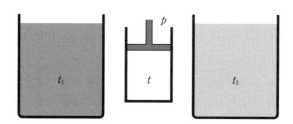

図 2.1 温度 t_1, t_2 の 2 つの熱浴および，シリンダーに密閉された温度 t ($t_1 < t < t_2$) の気体（"エンジン"）

---

* 系と熱のやりとりをしても，温度がまったく変化しないほど大きな熱容量をもつ"エネルギー貯蔵庫"．恒温槽，サーモスタットともいう．ビーカー程度の大きさの系を考えたとき，一定温度のプールあるいは貯水池は熱浴と見なすことができる．49 ページで，あらためて触れる．

温度上昇に伴って膨張するか収縮するかは，その物質の熱膨張係数（式 3.32）の符号で決まる．しかしいずれにせよ，温度は上昇し，系の体積が変化して，可動ピストンが周囲に仕事をする）．次にシリンダーを取り出して，低温熱浴に入れる．このときピストンは下向きに動き，仕事をする（この間，連結装置は逆向きに切り替えている）．シリンダーと内部の気体が冷却され，初期温度 t になり，ピストンの位置が元に戻ったところで，シリンダーを低温熱浴から取り出す．

この一連の過程の最初と最後でエンジンの状態に変化はない．つまり，エンジン自体は初期状態に戻っている．したがって結局，何が起こったかといえば，高温熱浴からの熱の吸収（したがって熱浴の温度は下がる），吸収した熱の一部の仕事への変換，そして低温熱浴への熱の放出（したがって熱浴の温度は上がる）である．高温から低温に，熱が自発的に流れる傾向を用いて，仕事をすることができたのだ．しかしこれは，高温と低温とが等しい温度に近づく（自発過程が進行する）という代償を払って達成されたのだ．そうでなければ，エンジンが元の状態に戻る条件のもとで仕事を得ることはできない．

系が 1 つの熱浴から熱を吸収し，**ただそれだけで**，その熱のすべてを仕事に変換し，初期状態に戻るということは実現不可能である．自発過程の進行という代価を支払った場合にのみ仕事をすることができる．これが普遍的に観測されている自然法則 —— **熱力学第二法則** —— である．

2.2 絶対温度

第二法則によると，エンジンが高温熱浴から熱を吸収し，低温熱浴へまったく熱を放出せず，吸収した熱のすべてを仕事に変換して元の状態に戻り，その他には何の変化も生じない，というサイクルを起こすことは不可能である．実はこの観察（自然法則）のみから，絶対温度とエントロピーという 2 つの状態関数を見出すことができる．

Carnot サイクルと呼ばれる可逆循環過程を考えることによって議論を進めよう．Carnot サイクルは 4 つのステップからなり，各ステップは可逆過程で，等温過程と断熱過程とが交互に進行する．ただし各過程は可逆であるから，無

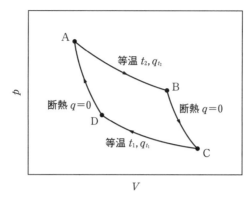

図 2.2 p-V 面における Carnot サイクル

限に遅く進行する．系（作業物質）に含まれる物質やその状態には何の制約もない．図 2.2 は，ある系の Carnot サイクルを p-V 面上に描いたものである．温度 t_1 と t_2 の 2 つの等温過程があり，これらの過程が進行する間，系は熱を吸収または放出する．2 つの等温過程を結ぶ断熱過程では熱の吸収・放出がなく（$q=0$），温度は変化する．図では状態 A から B, C, D を経て，再び状態 A に戻るように矢印が描かれている．どの可逆ステップに関しても，その変化を逆方向にすれば，その過程の $w\left(=-\int p\,dV\right)$ と $\varDelta U$ の符号は変わる（絶対値は変わらない）．よって，q も符号だけが変わる．

系の熱膨張係数（式 3.32 参照）は正であると仮定しよう．そうすると図 2.2 の 2 つの等温曲線の温度は $t_2 > t_1$ ということになる．ただし，これから導く原理にこの仮定は必要ない．図の矢印方向（時計まわり）にサイクルを 1 回転させたとき，$\varDelta U = 0$ であり，したがって系がする仕事は

$$-w = q_{t_2} + q_{t_1}$$

となる．図の設定では

$$-w = 曲線で囲まれた面積 > 0, \quad q_{t_2} > 0, \quad q_{t_1} < 0$$

ここで，熱を仕事に変換する効率 η を考える．**効率**とは，高温で吸収される熱のうち仕事に変換される割合と定義される．いまの場合，高温熱浴（温度

2.2 絶対温度 ● 23

t_2）から系が吸収する熱は q_{t_2}，系が周囲にする仕事は $-w$ であるから

$$\eta = \frac{-w}{q_{t_2}} = 1 - \frac{-q_{t_1}}{q_{t_2}} \tag{2.1}$$

となる．効率 η のとりうる値の範囲は

$$0 < \eta < 1$$

である．

Quiz 効率 η の範囲が $0 < \eta < 1$ であることを説明せよ．また，効率をその上限に近づけるためにはどうすればよいか．

Answer 式（2.1）において $q_{t_2} > 0$．そして第二法則より，仕事を得るためには何らかの熱 $-q_{t_1} > 0$ が低温熱浴（温度 t_1）に捨てられなければならない．よって $\eta < 1$ でなければならない．また，系が周囲に仕事をするので $-w > 0$．よって $\eta = -w/q_{t_2} > 0$ となる．

さて，η が 1 に近づくにはどうすればよいか．高温熱浴の温度 t_2 および q_{t_2} が一定の場合，$-w$ を大きくするしかない．$-w$ は p-V 面上の Carnot サイクルで囲まれる面積だから，低温熱浴の温度 t_1 を下げれば面積は大きくなる．一般には温度差 $t_2 - t_1$ を大きくするほど η は 1 に近づく． ◆

ここで重要な原理を第二法則から導こう．それは〝Carnot サイクルの効率 η は等温過程の温度 t_2 と t_1 **のみに依存し，系に依存しない**〟ということだ．

これを証明するために，仮にそうではないとしよう．つまり，2 つの温度 t_2 と t_1 を定めたとき，ある系の効率 η が別の系の効率 η' より高いとする（以下，効率の悪い系に関係する量に記号 ′ を付ける）．すなわち

$$\eta = 1 - \frac{-q_{t_1}}{q_{t_2}} > \eta' = 1 - \frac{-q_{t_1}'}{q_{t_2}'}$$

これを書き換えると

$$\frac{-q_{t_1}}{q_{t_2}} < \frac{-q_{t_1}'}{q_{t_2}'}$$

24 ● 第2章　熱力学第二法則

ここで，低温熱浴に放出する熱が2つの系で等しくなるように，いずれかの系を調整する．つまり $-q_{t_1} = -q_{t_1}'$ となるようにする．このような設定を実現することはとくに難しいことではない．たとえば系に含まれる物質の量を調整し，Carnot サイクルの**サイズ**（等温ステップの〝長さ〟）を変えることにより，q_{t_1}' または q_{t_1} を変化させればよい．以上のように設定すると，上の不等式は次のようになる．

$$q_{t_2}' < q_{t_2}$$

ここで，高効率の系のサイクルを時計まわりに，低効率の系（記号 ′ を付けたほう）のサイクルを反時計まわりにまわす．反時計まわりのサイクルで系がする仕事と系が吸収する熱は，時計まわりのときのそれぞれの符号だけが反対になったものになる．したがって〝合成〟系によってなされる正味の仕事は

$$-w_{\mathrm{net}} = q_{t_2} + q_{t_1} - q_{t_2}' - q_{t_1}'$$
$$= q_{t_2} - q_{t_2}' > 0$$

つまり，実際に合成系は仕事をする．

　一方，熱の流れを見ると，高温熱浴から熱 $q_{t_2} - q_{t_2}' > 0$ が吸収され，低温熱浴にはまったく熱が放出されない（$-q_{t_1} + q_{t_1}' = 0$）．すなわち，合成系は高温熱浴から吸収した熱 $q_{t_2} - q_{t_2}'$ をすべて残らず仕事に変換し，元の状態に戻ったということになる．これは第二法則に反する．よって，Carnot サイクルの効率 η は系によらず，温度 t_1, t_2 のみに依存する．

> Quiz　Carnot サイクルの効率が2つの温度のみに依存することを証明するのに，上では $q_{t_1} = q_{t_1}'$ という設定を用いたが，この代わりに $q_{t_2} = q_{t_2}'$ と設定しても証明できるだろうか．
>
> Answer　各自考えよ．◆

以上より Carnot サイクルについて，$|q_{t_1}/q_{t_2}|$ は2つの温度 t_1, t_2 **のみ**に依存することがわかった．いま変数としての温度 t と，固定された参照温度 t_0 を Carnot サイクルの2つの温度に選ぶと，$|q_t/q_{t_0}|$ は t のみに依存し，これに任意定数 c を乗じた量も t のみに依存する．したがって，t_0 と c を任意に選んだ

2.2 絶対温度 ● *25*

ときに定まるそのような量を，（経験的）温度 t における**絶対温度** T と定義することができる．

$$T(t) = c \left| \frac{q_t}{q_{t_0}} \right| \tag{2.2}$$

T は t_0 と c を固定したとき，t **のみ**の関数 $T(t)$ であり，循環過程を起こす系に依存する関数ではない．任意定数 c は，参照温度 t_0 における絶対温度 $T(t_0)$ であり，c の値は絶対温度 T の符号と，温度目盛における 1 度（°）の大きさを定める．$c > 0$ と定めれば $T > 0$ となる．

　参照温度 t_0 として，海水と同じ同位体組成の水の三重点（78 ページ参照）を選び，任意定数を

　　$c = 273.16$

とすれば，絶対温度の **Kelvin 目盛**が定義され，1 度の大きさは経験的 Celsius 温度目盛のそれと等しくなる．Kelvin 目盛の温度 T_K は，Celsius 温度（摂氏温度．℃）$t_{℃}$ と次の関係にある（なぜなら，水の三重点は 1 atm における氷点より 0.0075 ℃ 高いため）．

　　$T_K = t_{℃} + 273.15$

Rankine 目盛は，Kelvin 目盛の温度 T_K と同じ t_0 を採用し

　　$c = \dfrac{9}{5} \times 273.16 = 491.69$

とすることで定義される温度目盛である．Rankine 目盛の温度 T_R は，Fahrenheit 温度（華氏温度．℉）$t_{℉}$ と次の関係にある．

　　$T_R = t_{℉} + 459.68$ 　*

---

*　0 ℃ = 32 ℉．水の三重点はこれより 0.0135 ℉ だけ高い．

2.3 エントロピー

Carnot サイクルを用いて,絶対温度 T という状態関数を定義することができた.次に絶対温度 T の定義を用いて,もう1つの重要な状態関数を導くことにしよう.図 2.2 のように,Carnot サイクルの2つの等温過程の経験的温度を t_2, t_1,そこで吸収される熱を q_{t_2}, q_{t_1} とする.そうすると絶対温度の定義式(2.2)から

$$\frac{T(t_2)}{T(t_0)} = \left|\frac{q_{t_2}}{q_{t_0}}\right|, \qquad \frac{T(t_1)}{T(t_0)} = \left|\frac{q_{t_1}}{q_{t_0}}\right|$$

であり,循環過程では q_{t_2} と q_{t_1} の符号が反対であるから

$$\frac{T(t_2)}{T(t_1)} = -\frac{q_{t_2}}{q_{t_1}}$$

すなわち

$$\frac{q_{t_2}}{T(t_2)} + \frac{q_{t_1}}{T(t_1)} = 0 \tag{2.3}$$

この式は**任意の等温ステップ**の温度 t_2, t_1 について成立する.

次に,図 2.3 に示した p-V 面上の任意の可逆サイクルを考察する.p-V 面は,無限小間隔で並んだ無数の断熱線で埋め尽くされていると想像することが

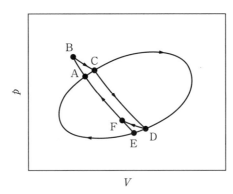

図 2.3 一般的な可逆サイクル(閉曲線)

2.3 エントロピー ● *27*

できる. そうすると, サイクル上の各点 (たとえば C) に対し, その点から断熱可逆過程によって到達できる点 (たとえば D) がサイクル上にあり, 同様に C, D の近くに別の断熱線で結ばれる一対の点 A, E がある. そして, 2 つの断熱線を図のように短い等温線 (BC, DF) でつなぐと, 細長い短冊のような形をとる過程 BCDFB は Carnot サイクルとなる. この Carnot サイクルに対して

$$\frac{q_{BC}}{T_{BC}} + \frac{q_{DF}}{T_{DF}} = 0 \tag{2.4}$$

が成り立つ.

ここで, 3 点 ABC を結ぶ可逆サイクル A ⟶ B ⟶ C ⟶ A を考える. サイクルだから系は元の状態に戻り, $\varDelta U = q + w = 0$ である. よって, 系が吸収する正味の熱 q は系が周囲にする正味の仕事 $-w$ に等しい. すなわち

$$\overbrace{q_{AB}}^{0(断熱)} + q_{BC} \overbrace{- q_{AC}}^{q_{CA}(可逆)} = -w = 面積 ABC$$

いま, 短冊形の Carnot サイクル (過程 BCDFB) が無限に細くなる極限を考える. このとき弧 BC, AC の長さが無限に小さくなるのだが, それぞれの長さに比例して, $q_{BC} \to 0$, $q_{AC} \to 0$ となる. 一方, 弧 BC, AC の長さの積に比例して面積 ABC ($= q_{BC} - q_{AC}$) $\to 0$ となる. すなわち差 $q_{BC} - q_{AC}$ は, q_{BC} と q_{AC} の各々よりも急速に 0 に近づく. したがって, 無限に細い Carnot サイクルの極限において

$$\frac{q_{BC}}{q_{AC}} \to 1$$

同様に

$$\frac{q_{DF}}{q_{DE}} \to 1$$

したがって

28 ● 第 2 章 熱力学第二法則

$$\frac{q_{\mathrm{AC}}}{T_{\mathrm{A(またはC)}}} + \frac{q_{\mathrm{DE}}}{T_{\mathrm{D(またはE)}}} = 0 \tag{2.5}$$

（この極限では，T_{A} と T_{C} の差および T_{D} と T_{E} の差は無限小であり，q_{AC} と q_{DE} も無限小であるから，それらを組み合わせたときの補正は高次の無限小量になる．）

Quiz 上の括弧内の記述を確めよ．

Answer $T_{\mathrm{C}} = T_{\mathrm{A}} + \delta T$ とすると

$$\frac{1}{T_{\mathrm{C}}} = \frac{1}{T_{\mathrm{A}}}\left(1 - \frac{\delta T}{T_{\mathrm{A}}} + \cdots\right)$$

したがって，$q_{\mathrm{AC}}/T_{\mathrm{C}}$ と $q_{\mathrm{AC}}/T_{\mathrm{A}}$ の差は $q_{\mathrm{AC}}\delta T$ のオーダーであり，高次の無限小量である．$q_{\mathrm{DE}}/T_{\mathrm{E}}$ についても同様．◆

dq_{rev} をサイクルの無限小部分で系が吸収する無限小熱（たとえば弧 AC の長さが無限小のときの q_{AC}），T をその点における絶対温度とすると，式 (2.5) と同じ関係式が，各断熱線上に位置するサイクル上の一対の点 C と D のすべてについて成立するのだから，dq_{rev}/T をサイクル全体にわたり足し合わせると 0 になる．すなわち

$$\oint \frac{dq_{\mathrm{rev}}}{T} = 0 \tag{2.6}$$

であることがわかる．

さてここで，図 2.4 に示したように状態 P と Q をつなぐ 2 つの経路 a, b を任意に設定し，P から経路 a を通って Q に到達し，次に Q から経路 b を通って P に戻る可逆サイクルを考えよう．式 (2.6) は任意の可逆サイクルについて成立するのだから

$$\int_{\mathrm{P} \atop (経路\,a)}^{\mathrm{Q}} \frac{dq_{\mathrm{rev}}}{T} + \int_{\mathrm{Q} \atop (経路\,b)}^{\mathrm{P}} \frac{dq_{\mathrm{rev}}}{T} = 0 \tag{2.7}$$

さらに，可逆過程の進行方向を反転させると，熱 dq_{rev} の符号が変わることに注意すると

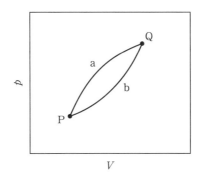

図 2.4 2 状態 P と Q を含む任意の可逆サイクル

$$\int_{\substack{P \\ (\text{経路 a})}}^{Q} \frac{dq_{\text{rev}}}{T} = \int_{\substack{P \\ (\text{経路 b})}}^{Q} \frac{dq_{\text{rev}}}{T} \tag{2.8}$$

となる．経路 a, b は状態 P, Q を結ぶ**任意**の経路だから，式 (2.8) は次の重要な事実を示す．

$\int_{P}^{Q} \frac{dq_{\text{rev}}}{T}$ は経路に依存せず，始状態と終状態にのみ依存する．

すなわちこれは，何らかの状態関数 S が存在することを意味する．そして上の積分は，その状態関数の変化量 ΔS を与える．すなわち

$$\Delta S = \int \frac{dq_{\text{rev}}}{T} \tag{2.9}$$

右辺の積分は始状態から終状態までの積分であり，その 2 状態を結ぶ経路に依存しない．始状態から終状態に至るまでに系が吸収する熱 $\int dq_{\text{rev}}$ は経路に依存するが，$1/T$ を乗じた $\int (1/T) dq_{\text{rev}}$ は経路に依存しないのだ．

いま存在が明らかになった状態関数 S は**エントロピー**と呼ばれる．熱力学第二法則から出発し，新しい 2 つの状態関数 T と S の存在が明らかになった．

30 ● 第2章 熱力学第二法則

　ここで T について補足しておこう．それは，T は系の経験的温度 t のみに依存し，系の状態を定める他のどの変数にも依存しないということだ．これは他の状態関数 S, U, H などにはない特徴である．

　さて，くり返しになるが，ΔS は系の始状態と終状態にのみ依存する．つまり，系の状態変化に伴うエントロピーの変化は，始点から終点までの状態変化をどのように起こそうが不変である．たとえば，過程の可逆・不可逆性にもよらない．式 (2.9) の右辺は可逆過程に沿った積分であるが，この式は ΔS の**定義ではない**．式 (2.9) の意味は，〝平衡状態 P と Q の間のエントロピー差 $\Delta S = S_Q - S_P$ は，過程 P $\longrightarrow$ Q の性質に依存しないものだが，式 (2.9) によって**計算できる**〟ということだ．ΔS を**計算する**ためには，まず，**仮想的な可逆経路**を考え，次に，ΔS を $\int \dfrac{dq_{\mathrm{rev}}}{T}$ として計算する．ここで dq_{rev} は仮想的な可逆過程の無限小部分で系が吸収する**であろう**無限小熱であり，T はそのとき系がもつ**であろう**温度を意味する．

　式 (2.9) の左辺 ΔS は経路に依存しないことから

$$dS = \frac{1}{T}\,dq_{\mathrm{rev}} \tag{2.10}$$

は完全微分である．$1/T$ は数学用語を用いると，不完全微分 dq_{rev} に対する**積分因子**と呼ばれるものである．仕事が pV 仕事のみの場合

$$dq_{\mathrm{rev}}\,(= dU - dw_{\mathrm{rev}}) = dU + p\,dV = T\,dS \tag{2.11}$$

であるから，$1/T$ は変数 U, V の無限小量 $dU + p\,dV$ の積分因子である（$p = p(U, V)$ は U と V によって定まる状態関数）．数学的には，2変数の無限小量には常に積分因子が存在し，その積分因子は一般に，その2変数の関数である．いまの場合，積分因子 $1/T$ は U と V（系の状態を定めるために選ばれた2変数）の関数になるはずだ．ところが，第二法則はこの数学の定理を超えたことを主張している．すなわち積分因子 $1/T$ は，単に（たとえば U と V によって定まる）系の状態の何らかの関数であるというだけではなく，系の**温**

度 t という 1 変数のみの関数なのである。さらにいえば、可逆仕事が 2 種類以上あり、不完全微分 $dq_{rev} (= dU - dw_{rev})$ が 3 変数以上の無限小量であれば、数学的には積分因子の存在は保証されない。しかし、そのような場合にも積分因子が 1 つ存在し、それは $1/T$ であり、系の温度 t のみの関数であることを熱力学は主張する。熱力学第二法則は〝自然〟の法則であり、〝数学〟の法則ではない。

> $\boxed{\text{Quiz}}$ $df \equiv (y/x)dx + 2dy$ は不完全微分である。これを完全微分にする積分因子 $\alpha(x, y)$ を見つけてみよ。
> $\boxed{\textbf{Answer}}$ αdf が完全微分となるような α を探す。たとえば $\alpha = xy$ とすればよい。これは実際に確めればわかる。◆

断熱可逆過程は、$dq = dq_{rev} = 0$ より $dS = 0$、すなわち**等エントロピー過程**である。図 2.3 の CD と EB のような断熱可逆線は**等エントロピー線**とも呼ばれる。式 (2.11) から

$$\left(\frac{\partial U}{\partial V} \right)_S = -p \tag{2.12}$$

すなわち、V に対する U の等エントロピー変化率は $-p$ になる（また、2 階微分 $-(\partial^2 U / \partial V^2)_S$ は p-V 面における断熱可逆線の傾き $(\partial p / \partial V)_S$ に等しい）。ちなみに、式 (2.11) からは次の 2 式も導かれる。

$$\left(\frac{\partial S}{\partial U} \right)_V = \frac{1}{T}, \quad \left(\frac{\partial S}{\partial V} \right)_U = \frac{p}{T} \tag{2.13}$$

最初の式は、体積 V を固定してエネルギー U を変化させたときのエントロピー S の変化率が、絶対温度 T の逆数であることを示す。熱力学は U, S などの熱力学関数と、系の微視的状態との関係について何も述べないが、統計力学によれば、U は系の力学的または量子力学的エネルギー E の平均値であり、S は系のとりうる微視的状態数 $W(U) \Delta E$ によって定まる量

$$S = k \ln \{ W(U) \Delta E \}$$

32 ● 第2章 熱力学第二法則

であることがわかる. ここで $W(U)$ は状態密度と呼ばれる量であり, ΔE は系のエネルギーが U のときの微視的エネルギーのゆらぎ幅である. k は Boltzmann 定数であり, 熱力学には現れない量である. S を微視的な量 W で表した上の式を, 式 (2.13) の最初の式に代入すると, $1/kT$（絶対温度の逆数に比例する量）は, エネルギー変化に伴う状態密度 W の相対的変化率 $(dW/dU)/W$ であることがわかる —— しかし, これらのことは熱力学の範囲を超えた内容である.

2.4 孤立系のエントロピー

　孤立系で自発変化が起こるときのエントロピー変化について考えよう. 自発変化の始状態として, 拘束*条件下にある平衡状態を用意する. 図 2.5 の状態 A がそれである. 孤立系とは, 周囲から熱的にも力学的にも孤立した系である. そのような系の拘束された平衡状態の具体例は次のようなものである. たとえば, 孤立した系の中に温度の異なる 2 つの部分系があり, それらの間に断熱壁がある条件下で実現する孤立系の平衡状態がそうである. もう 1 つの例としては, 孤立系に化学反応を起こしうる気体（たとえば H_2O を生成する O_2 と H_2）が含まれているが, 反応を可能にする触媒がないため反応が進行しない平衡状態があげられる.

　いま, 状態 A を保つ系から拘束の 1 つまたは複数を取り除くと, 変化が起こり, 別の状態に達する. この状態を B とする. ただし, この過程を通じて系全体は孤立したままである. 先の第一の例では, 2 つの部分系を熱的に接触させること（〝断熱〟という拘束の除去）により, 熱が高温側から低温側に流れ, 温度が等しくなる. 第二の例では, 触媒を入れること（〝触媒なし〟という拘束の除去）により, 化学反応が起こり, 系が化学平衡に達する. 一般に, 拘束条件の一部を取り除くと, 孤立系は始状態から, より拘束の少ない別の平衡状態に不可逆的に移行する. 図 2.5 の破線は, 孤立系の状態 A から B への自発過程（不可逆過程）を示す.

---

* 系の状態が, より安定な状態に移行することを制限する仕掛け.

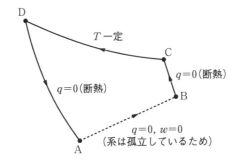

図 2.5 孤立系における不可逆過程．過程 A ⋯→ B は，系は孤立したまま，拘束された平衡状態 A から拘束のより少ない（あるいは拘束のない）平衡状態 B へ変化する不可逆過程．B ⟶ C と D ⟶ A は断熱可逆過程，C ⟶ D は温度 T の等温可逆過程

次に，状態 B において系を周囲と接触させる．この時点から系は孤立系ではなくなる．そこから断熱可逆変化により，状態 C に移行させる．続いて，状態 C から状態 D への等温可逆変化を起こす．ただし D は，A と同じ断熱可逆線上に位置する状態点である．最後に，断熱可逆変化 D ⟶ A により，元の状態 A に戻り 1 サイクルが完了する．最初の不可逆変化 A ⋯→ B では系は孤立していたのだから

$$q_{AB} = w_{AB} = 0$$

である．また，2 つの断熱変化 B ⟶ C と D ⟶ A では

$$q_{BC} = q_{DA} = 0$$

であり，なおかつ可逆過程であるから等エントロピー変化である．よって

$$\varDelta S_{BC} = \varDelta S_{DA} = 0$$

等温可逆過程 C ⟶ D については，そのときの絶対温度を T とすると

$$\varDelta S_{CD} = \frac{q_{CD}}{T}$$

34 ● 第2章 熱力学第二法則

である。ところで，このq_{CD}はサイクル全体で吸収される唯一の熱である。また，サイクルに対しては$\Delta U = 0$だから，系が周囲に対して行う正味の仕事は

$$-w = q_{CD}$$

となる。ここで第二法則により，$-w$およびq_{CD}は負でなければならないことが要請される。もしそうでなければ，系が単一の熱浴から熱を吸収し（$q_{CD} > 0$），仕事を行い（$-w > 0$），しかも低温熱浴にまったく熱を放出せずに始状態に戻る，ということになってしまうからだ。このサイクル全体のエントロピー変化ΔSは

$$\Delta S = \Delta S_{CD} + \Delta S_{AB} = 0$$

であるから

$$\Delta S_{AB} = -\Delta S_{CD} = -\frac{q_{CD}}{T}$$

となる。第二法則より$q_{CD} < 0$が要請されるため（そして絶対温度Tは正になるように定義されているため），過程 A $\cdots\rightarrow$ B におけるエントロピー変化は正である。

$$\Delta S_{AB} > 0 \tag{2.14}$$

式（2.14）が主張する原理は，次のように述べることができる。"**孤立系において，拘束条件が緩和され，系が平衡に近づく自発過程が起こるとき，系のエントロピーは増大する**"。同じことだが，孤立系において起こる過程が自発的であるための条件は，その過程の結果，系のエントロピーが増大することである。

まったく拘束のない平衡状態にある孤立系は，すでに最大のエントロピーをもっている。したがって，その平衡状態から，仮にどのような無限小変化が起ころうとも$dS = 0$となる。仮想的な無限小変化を表すパラメータをλとする

と，平衡状態において

$$\frac{\partial S}{\partial \lambda} = 0$$

であり，そこでエントロピーは最大であるから

$$\frac{\partial^2 S}{\partial \lambda^2} < 0$$

である．

Quiz 拘束のない孤立系が平衡状態にあるとき，なぜ〝仮想的な〟無限小変化を考えるのか．また，その例をあげよ．

Answer 拘束のない孤立系が平衡状態にあるとき，系はどのような自発変化も起こさない．したがって，仮想的な変化を考えるしかない．

拘束のある系から拘束を除去して自発過程が起こり，平衡に達する変化の**逆**を考えれば，それが仮想的変化である．たとえば，孤立系の中の気体の濃度が均一な状態から，不均一な状態に変化する現象は仮想的変化である．◆

2.5 $S = S(U, V, M_1, M_2, \cdots)$

系の体積 V は各部分の体積の和に等しい．このような性質を**示量性***という．体積 V および各化学成分（化学種）の質量 M_i は明らかに示量的である．同様に，系が 2 つの部分からなるとき，系の吸収する熱 q は各部分の吸収する熱の和であり，系になされた仕事 w は各部分になされた仕事の和である．すなわち，q と w も示量的である（一方の部分系から他方の部分系に吸収された熱，および一方から他方になされた仕事は考えなくてよい．それらの寄与は差し引き 0 だからである）．変化量 ΔU と ΔS はそれぞれ式（1.3）と（2.9）によって与えられるため，これらも示量的である．

---

* より一般的には，系をいくつかの部分に分割したとき，各部分の物理量の和が系全体の物理量に等しくなるとき，その物理量は示量的であるという．エネルギー，体積，各化学成分の質量などは示量性である．示量的な熱力学変数，関数をそれぞれ示量変数，示量関数という．

36 ● 第2章　熱力学第二法則

系にはそれ自体のエネルギー U とエントロピー S があり，それらは系を構成する各部分の U または S の和で与えられる．したがって ΔU と ΔS のみならず，U と S そのものも示量的である．この主張は便利かつ無害な慣例によるもので，すでに 1.3 節で使われ，示量関数であるエンタルピー H の定義式 (1.6) でも利用されている．化学成分の質量 $M_1, M_2, \cdots$ も同様に各部分の和であり，明らかに示量変数である．

化学組成一定の条件で，なおかつ仕事が pV 仕事だけであるとき，系の状態を定める変数として U と V を選べば，エントロピーは $S = S(U, V)$ と表すことができる．化学組成も変化しうるときには，$S = S(U, V, M_1, M_2, \cdots)$ と表される．化学組成は系に含まれる**独立した化学成分**の質量 $M_1, M_2, \cdots$ により指定される（〝独立した化学成分〟という意味は 3.4 節で後述する）．

どのような系にも，エネルギー，体積，化学組成の関数として，エントロピーを与える固有の関係式 $S(U, V, M_1, M_2, \cdots)$ がある．すなわち

$$S = S(U, V, M_1, M_2, \cdots) \tag{2.15}$$

このような関係式を熱力学では，系の**状態方程式**と呼ぶ．ここでは，通常よりも広い意味でこの言葉を用いている．つまり，熱力学変数の間に成り立つ，**系固有の関係式**のことを状態方程式という．一方，あらゆる系について成立する熱力学恒等式は状態方程式ではない．

系の状態方程式 $S = S(U, V, M_1, M_2, \cdots)$ を，熱力学だけを用いて導くことはできない．それは統計熱力学の課題である．しかし熱力学によって，$S(U, V, M_1, M_2, \cdots)$ の**一般的かつ重要な特性（凹性）**を導くことはできる．

いま，ある系 X の 2 つの異なる平衡状態を A と B とする（両者で化学組成 $M_1, M_2, \cdots$ が異なっていてもかまわない）．状態 A にある系 X の分率 α の部分 $X_{\alpha, A}$ と，状態 B にある系 X の分率 $1 - \alpha$ の部分 $X_{1-\alpha, B}$ からなる合成系を用意する．はじめに 2 つの部分系 $X_{\alpha, A}$ と $X_{1-\alpha, B}$ とは接触しないように離しておき，合成系全体は周囲から孤立させる（図 2.6）．このときの合成系は拘束された平衡状態にあり，そのエントロピーは

$$\alpha S(U_A, V_A, \cdots) + (1 - \alpha) S(U_B, V_B, \cdots)$$

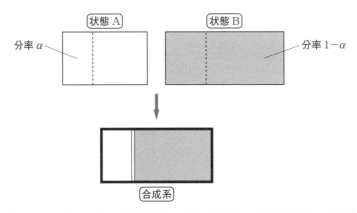

図 2.6 ある系 X の 2 つの平衡状態 A, B と拘束された平衡状態にある合成系

となる．ここで，$S(U, V, \cdots)$ は U, V などの関数として表された元の系 X のエントロピーである．次に（内部の拘束を取り除き）部分系を互いに接触させる．すると合成系は平衡に達する．そのときのエントロピーは

$$S(\alpha U_A + (1-\alpha) U_B, \alpha V_A + (1-\alpha) V_B, \cdots)$$

となる．なぜなら，合成系全体は平衡化の過程で熱的にも力学的にも周囲から孤立しており，したがって合成系のエネルギー，体積，各化学成分の質量（これらはすべて示量変数）は，拘束のある状態から平衡化の過程を経て平衡状態に至るまで，常に一定に保たれるからだ．

さて，先に導いた原理によって，この過程で合成系（孤立系）のエントロピーは増大する．すなわち

$$S(\alpha U_A + (1-\alpha) U_B, \cdots) > \alpha S(U_A, \cdots) + (1-\alpha) S(U_B, \cdots) \quad (2.16)$$

任意の分率 α について成立する上の不等式は，数学的には，$S(U, V, M_1, M_2, \cdots)$ はその変数の凹関数である（下に凹である），ということを意味している*．たとえば $V, M_1, M_2, \cdots$ を固定した場合，エントロピーは変数 U の関数 $S = S(U)$ であり，それは図 2.7 のようになる．横軸は合成系

---

* 凹関数とは，上に凸の関数である．

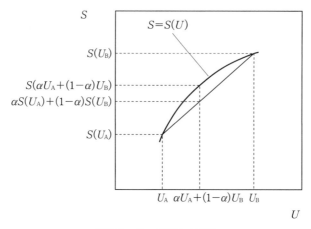

図 2.7 $S = S(U)$ の凹性

のエネルギー $U = \alpha U_A + (1-\alpha) U_B$ であり,その範囲は U_A から U_B までである.曲線 $S(U)$ は 2 つの部分系が接触し,平衡に達した合成系のエントロピー S を U の関数として表したものである.$U = U_A$ と $U = U_B$ における曲線 $S(U)$ 上の 2 点を結ぶ直線(弦)は,2 つの部分系が接触する前の合成系のエントロピー $\alpha S(U_A) + (1-\alpha) S(U_B)$ を,合成系の U の関数として表したものである.U_A と U_B の間のすべての U で,曲線 $S(U)$ は弦の上に位置する.S の変化率は

$$\left(\frac{\partial S}{\partial U}\right)_{V, M_1, M_2, \cdots} = \frac{1}{T} > 0$$

である(絶対温度 T の定義により $T > 0$ だから,図 2.7 のように $S(U)$ の〝傾き〟は正となる).

一般には,曲線 $S(U)$ は曲面(または超曲面)$S = S(U, V, M_1, M_2, \cdots)$ であり,弦は曲面と交差する平面(または超平面)である.そして交差領域のすべてにおいて,曲面は平面の上に位置する.

$S(U, V, M_1, M_2, \cdots)$ の凹性(下に凹であること)は,S の 2 階導関数があらゆる点で**どの方向に対しても**負であることを意味する.専門用語を用いれば,$S(U, V, M_1, M_2, \cdots)$ の 2 階導関数を成分とする行列(**Hesse 行列**)

$$
\begin{pmatrix}
\dfrac{\partial^2 S}{\partial U^2} & \dfrac{\partial^2 S}{\partial U \partial V} & \cdots \\[3mm]
\dfrac{\partial^2 S}{\partial V \partial U} & \dfrac{\partial^2 S}{\partial V^2} & \cdots \\[3mm]
\vdots & \vdots & \vdots
\end{pmatrix}
\tag{2.17}
$$

のすべての固有値が負であることを要請する．このことからとくに，この Hesse 行列の対角成分はすべて負であることが導かれる．

$$
\frac{\partial^2 S}{\partial U^2} < 0, \qquad \frac{\partial^2 S}{\partial V^2} < 0, \qquad \frac{\partial^2 S}{\partial M_1{}^2} < 0, \qquad \cdots
\tag{2.18}
$$

これらは $S(U, V, M_1, M_2, \cdots)$ の凹性からの帰結ではあるが，帰結のすべてではない．Hesse 行列（2.17）の全固有値が負ということは，非対角成分 $\partial^2 S/\partial U \partial V$ などに対しても制約を課すからである．

エントロピーの凹性に関して1つ留意すべき点がある．それは式（2.16）の状態 A と B が，平衡にある2相（たとえば液体とその蒸気）に相当する場合だ．このとき，式（2.16）の不等号は等号になる．したがって，この例外的状況も含めるならば，式（2.16）の不等号〝 $>$ 〟は〝 $\geqq$ 〟としなければならない．そしてその場合には，エントロピー曲面の一部分は線織面 —— 線分の集合から構成される面 —— になる．線織面のどの点においても，Hesse 行列の固有値の1つは負値ではなく0である．さらにいえば，3相が平衡にあるところでは固有値の2つが0，……などなどが成立する．なお，値が0の固有値に対応する固有ベクトルは，一般にどの座標軸の方向にも一致しないので，不等式（2.18）は相平衡でもそのまま成立する．

さて，これまでのところ，系は閉じていると考えてきた．つまり，物質は系に入ることも系から出ることもなく，よって $M_1, M_2, \cdots$ は一定であった．このような場合には，化学組成を変数に含める必要はなく，たとえば $S = S(U, V)$ としてよいし，また多成分系に対しても $M_1, M_2, \cdots$ が固定されているときには，以下に再掲する式（2.13）はそのまま成立する．

$$
\left(\frac{\partial S}{\partial U} \right)_V = \frac{1}{T}, \qquad \left(\frac{\partial S}{\partial V} \right)_U = \frac{p}{T} \qquad （式 2.13）
$$

40 ● 第2章 熱力学第二法則

ところで，定積熱容量が関係式（定義式ではない）

$$C_V = \left(\frac{\partial U}{\partial t}\right)_V$$

で与えられることはすでに見た（15 ページ）．∂t と ∂T はいずれも温度差にすぎないから

$$C_V = \left(\frac{\partial U}{\partial T}\right)_V \tag{2.19}$$

と書くこともできる．これは明らかに第一法則だけから導かれる式であり，温度は絶対温度でも任意の経験的温度でもよい．式（2.19）は式（2.11）

$$T\,dS = dU + p\,dV$$

を用いると，さらに

$$C_V = T\left(\frac{\partial S}{\partial T}\right)_V \tag{2.20}$$

と表すこともできる．これは第二法則からの帰結であって，温度は単に微分 dT として現れるだけでなく乗数 T としても現れるため，この温度は絶対温度でなければならない．

ここで，エントロピーの凹性条件（2.18）の不等式の1つ

$$\left(\frac{\partial^2 S}{\partial U^2}\right)_V < 0$$

と式（2.13）の最初の式から

$$\left(\frac{\partial}{\partial U}\frac{1}{T}\right)_V = -\frac{1}{T^2}\left(\frac{\partial T}{\partial U}\right)_V = -\frac{1}{T^2 C_V} < 0$$

よって

$$C_V > 0 \tag{2.21}$$

すなわち，定積熱容量は正でなければならない，という結論が導かれる．これは**熱力学的安定条件**の一例である．

ここからは，エントロピー S は化学組成にも依存することに注意して，系の化学成分の質量 $M_1, M_2, \cdots$ が変化する状況を考察することにしよう．つまり閉じた系ではなく，**開いた系**を考える．そうすると，無限小変化 $dM_1, dM_2,$ $\cdots$ から生じる dS への寄与を，式 (2.11) を変形した

$$dS = \frac{1}{T} dU + \frac{p}{T} dV$$

に加えなければならない．すなわち，基本微分恒等式は

$$T\,dS = dU + p\,dV - \mu_1\,dM_1 - \mu_2\,dM_2 - \cdots \tag{2.22}$$

と一般化される．ここで $\mu_1, \mu_2, \cdots$ は化学成分 $1, 2, \cdots$ の**化学ポテンシャル**と呼ばれ

$$\mu_i \equiv -T\left(\frac{\partial S}{\partial M_i}\right)_{U, V, \text{all}\,M_{j(\neq i)}} \tag{2.23}$$

によって定義される（偏導関数の添え字 "all $M_{j(\neq i)}$" は，i 以外のすべての化学成分の質量を固定することを意味する）．これは質量ベースの化学ポテンシャルであり，モル数をもとに定義される化学ポテンシャルとモル質量の因子だけ異なり，また（統計力学においてよく用いられる）分子数に基づく化学ポテンシャルとは分子1つ分の質量の因子だけ異なる．

化学ポテンシャルは，モル数または分子数を用いて定義されるのが普通である．しかしそうした場合，熱力学関数を特定の分子モデルに基づいて計算したときの計算結果に分子量が明示的に現れないため，採用した "分子の定義" —— 1分子と見なす原子集団 —— が不明確になってしまう．式 (2.23) のような質量ベースの化学

42 ● 第 2 章 熱力学第二法則

ポテンシャルを用いると分子量あるいはモル質量が計算結果に現れるため，〝分子の定義〟が明確になる．この重要な教訓は Gibbs が指摘したものである[*]．

> **Quiz** 化学成分 i の質量ベース，モル数ベース，分子数ベースの化学ポテンシャルをそれぞれ $\mu_i^{質量}, \mu_i^{モル数}, \mu_i^{分子数}$ とし，それらの間の関係を確めよ．
>
> **Answer** $\mu_i^{質量}$ は式（2.23）で定義される．同様に，化学成分 i のモル数を n_i，分子数を N_i とすると
>
> $$\mu_i^{モル数} \equiv -T\left(\frac{\partial S}{\partial n_i}\right)_{U,V,\text{all}\,n_{j(\neq i)}}$$
>
> $$\mu_i^{分子数} \equiv -T\left(\frac{\partial S}{\partial N_i}\right)_{U,V,\text{all}\,N_{j(\neq i)}}$$
>
> したがって，モル質量 M_i/n_i，分子 1 つ分の質量 M_i/N_i，Avogadro 数 $N_{\text{A}} = N_i/n_i$ を用いると
>
> $$\mu_i^{モル数} = \frac{M_i}{n_i}\mu_i^{質量}, \qquad \mu_i^{分子数} = \frac{M_i}{N_i}\mu_i^{質量}, \qquad \mu_i^{分子数} = \frac{1}{N_{\text{A}}}\mu_i^{モル数}$$
>
> となる． ◆

関数 $S(U, V, M_1, M_2, \cdots)$ の変数はすべて示量変数であり，S 自体も示量変数である．したがって，S は全変数についての 1 次同次関数である．

$$S(\lambda U, \lambda V, \lambda M_1, \lambda M_2, \cdots) \equiv \lambda S(U, V, M_1, M_2, \cdots)$$

同次関数に関する Euler の定理によると

$$f(\lambda x, \lambda y, \cdots) \equiv \lambda^n f(x, y, \cdots) \qquad （f が x, y, \cdots の n 次同次関数）$$

ならば

$$nf = x\frac{\partial f}{\partial x} + y\frac{\partial f}{\partial y} + \cdots$$

が成立する．これを S に当てはめると，$n = 1$ より

---

[*] J. W. Gibbs, "The Scientific Papers of J. Willard Gibbs, Vol. I Thermodynamics" (Longmans, Green, 1928) p. 434.

$$S = U \frac{\partial S}{\partial U} + V \frac{\partial S}{\partial V} + M_1 \frac{\partial S}{\partial M_1} + M_2 \frac{\partial S}{\partial M_2} + \cdots$$

すなわち式 (2.13) と (2.23) から

$$S = \frac{1}{T} U + \frac{p}{T} V - \frac{\mu_1}{T} M_1 - \frac{\mu_2}{T} M_2 - \cdots \qquad (2.24)$$

が得られる. これは重要な熱力学恒等式である.

Quiz U は $S, V, M_1, M_2, \cdots$ の関数 $U = U(S, V, M_1, M_2, \cdots)$ と見なせる. これに Euler の定理を用いて, 恒等式を導け.

Answer 関数 U の変数もすべて示量変数であり, U 自体も示量変数である. したがって, U はその全変数の 1 次同次関数である. よって, Euler の定理より

$$U = S \frac{\partial U}{\partial S} + V \frac{\partial U}{\partial V} + M_1 \frac{\partial U}{\partial M_1} + M_2 \frac{\partial U}{\partial M_2} + \cdots$$

したがって

$$U = TS - pV + \mu_1 M_1 + \mu_2 M_2 + \cdots \qquad (2.25)$$

が得られる. これは式 (2.24) と同じ恒等式である. ◆

問　題

1　理想気体とは〝圧力 p と体積 V の積 pV およびエネルギー U が, (経験的) 温度 t のみの関数である流体のこと〟と定義できる. このような流体を Carnot サイクルに当てはめることにより, 積 pV が, 第二法則により定義される絶対温度 T に比例することを示せ.

2　理想気体が $T_1, p_1 \longrightarrow T_2, p_2$ の変化を起こすとしよう. 2 状態間の可逆経路を 2 通り考案し, エントロピー変化が 2 つの経路で同じであることを実際の計算により示せ. ただし簡単のため, 熱容量 C_V および C_p は一定であると仮定してよい.

3　過冷却水 1 mol が $-10\,{}^\circ\mathrm{C}$, 1 atm で凍るとき
  (a) 水のエントロピー変化
  (b) 周囲のエントロピー変化

44 ● 第 2 章 熱力学第二法則

を計算せよ. ただし水, 氷の定圧熱容量 C_p はそれぞれ 75, 38 J/(K mol) の一定値とし, 0 °C における融解熱は 6026 J/mol とする.

4 古典（非量子）統計熱力学では, 相互作用しない点粒子からなる気体（種 1 の粒子数 N_1, 種 2 の粒子数 N_2, …… などなど）のエントロピー S は, 系のエネルギー U, 体積 V, 粒子数 $N_1, N_2, \cdots$ の関数として次式で与えられる.

$$S(U, V, N_1, N_2, \cdots) = Nk \ln\left\{ \frac{\mathrm{e}V}{N}\left(\frac{4\pi\mathrm{e}U}{3h^2N}\right)^{3/2}\left(\frac{m_1^{3/2}}{x_1}\right)^{x_1}\left(\frac{m_2^{3/2}}{x_2}\right)^{x_2}\cdots\right\}$$

ここで, e は自然対数の底, k は Boltzmann 定数, h は エネルギー × 時間 の次元をもつ任意定数であり, 通常は（慣例により）Planck 定数とする. $N = N_1 + N_2 + \cdots$ は全粒子数, $x_i = N_i/N$ は混合気体中の種 i のモル分率, そして m_i は種 i の粒子 1 つ分の質量である.

(a) $S(U, V, N_1, N_2, \cdots)$ が, $V, N_1, N_2, \cdots$ を固定したときには U の凹関数, $U, N_1, N_2, \cdots$ を固定したときには V の凹関数, $U, V, N_2, N_3, \cdots$ を固定したときには N_1 の凹関数となることを概略図を描いて示せ. なお凹関数とは, 上に凸の関数のことである.

(b) この気体の T, p, μ_i, H, C_V, C_p を求めよ. ただし, いずれの場合も $U, V, N_1, N_2, \cdots$ の関数として求めよ.

Chapter

3 自由エネルギー

　自由エネルギーは，周囲から熱的に孤立していない系（非断熱系）の自発過程や平衡状態を調べるために用いられる．Helmholtz 自由エネルギー F，Gibbs 自由エネルギー G，そしてグランドカノニカル自由エネルギー Ω は，エネルギー U の Legendre 変換として定義される自由エネルギーである．ある条件下で自発過程が進行するとき，その条件に関連する自由エネルギーが減少する．これは自由エネルギーの凸性（下に凸であること）を表している．

　本章ではポテンシャル，場，密度という概念を定義する．そうすると熱力学においては，示量変数と示強変数の区別よりは，むしろ場と密度の区別が本質的に重要であることがわかる．また，自由エネルギーから種々の有用な熱力学恒等式が導かれることを示す．

3.1 Legendre 変換 ― 自由エネルギー F と G ―

　第一法則と第二法則から導かれる基本微分恒等式（2.22）は，次のように書くこともできる．

$$dU = T\,dS - p\,dV + \mu_1\,dM_1 + \mu_2\,dM_2 + \cdots \tag{3.1}$$

また，エンタルピーの定義（式 1.6）$H \equiv U + pV$ を用いると

46 ● 第3章　自由エネルギー

$$dH = T\,dS + V\,dp + \mu_1\,dM_1 + \mu_2\,dM_2 + \cdots \tag{3.2}$$

となる．ここで，新しい状態関数 F と G を定義する．

$$
\begin{aligned}
&F \equiv U - TS \\
&G \equiv U - TS + pV \;(= H - TS = F + pV)
\end{aligned}
\tag{3.3}
$$

そうすると，これらの微分は次のようになる．

$$
\begin{aligned}
&dF = -S\,dT - p\,dV + \mu_1\,dM_1 + \mu_2\,dM_2 + \cdots \\
&dG = -S\,dT + V\,dp + \mu_1\,dM_1 + \mu_2\,dM_2 + \cdots
\end{aligned}
\tag{3.4}
$$

式（3.1）から式（3.2），（3.4）への変形で何が起こったかというと，**独立変数**としての V と S のどちらかまたは両方が，それらの**共役変数*** $-p$ と T に変わったのである．数学的には，この変換を **Legendre 変換**と呼ぶ．H, F, G はエネルギー U の Legendre 変換である．F と G は**自由エネルギー**と呼ばれ，とくに F は **Helmholtz 自由エネルギー**，G は **Gibbs 自由エネルギー**という．$S, U, V, M_1, M_2, \cdots$ が示量変数であったように，H, F, G も示量変数である．

　式（3.4）から，化学ポテンシャル μ_i についての恒等式が得られる．

$$\mu_i = \left(\frac{\partial F}{\partial M_i}\right)_{T,V,\text{all }M_{j(\neq i)}} = \left(\frac{\partial G}{\partial M_i}\right)_{T,p,\text{all }M_{j(\neq i)}} \tag{3.5}$$

これは式（2.23）と等価な式である．式（3.1），（3.2），（3.4）からは，この他に 8 つの恒等式が得られる．なかでも，式（3.4）から得られる関係式

$$\left(\frac{\partial F}{\partial T}\right)_V = \left(\frac{\partial G}{\partial T}\right)_p = -S, \quad \left(\frac{\partial F}{\partial V}\right)_T = -p, \quad \left(\frac{\partial G}{\partial p}\right)_T = V \tag{3.6}$$

はよく利用される．式（3.2）から，定圧熱容量 C_p は

$$C_p = \left(\frac{\partial H}{\partial T}\right)_p = T\left(\frac{\partial S}{\partial T}\right)_p \tag{3.7}$$

---

*　熱力学における共役変数とは，たとえば基本微分恒等式 $dU = T\,dS - p\,dV + \sum_i \mu_i\,dM_i$ に現れる T と S，$-p$ と V，μ_i と M_i などの一対の変数のことを指す．この例では示量変数の共役変数は，場の変数である．

3.1 Legendre 変換 ― 自由エネルギー F と G ― ● *47*

と表せる．これは式 (2.20)

$$C_V = T\left(\frac{\partial S}{\partial T}\right)_V$$

に対応する式である．

G の定義式 (3.3) と，エントロピー $S(U, V, M_1, M_2, \cdots)$ の示量性から導かれる式 (2.24) (または式 2.25) から

$$G = \mu_1 M_1 + \mu_2 M_2 + \cdots \tag{3.8}$$

であることがわかる．とくに 1 成分系ならば

$$\mu = \frac{G}{M}$$

となる．

Quiz 式 (3.8) は，状態関数 G に Euler の定理 (42 ページ参照) を適用しても導かれる．これを示せ．

Answer G の自然な独立変数* $T, p, M_1, M_2, \cdots$ のうち，示量変数は各成分の質量 M_i である．また，G 自身も示量変数である．したがって T, p を定数と見なすと，$G(T, p, M_1, M_2, \cdots)$ は，各成分の質量 $M_1, M_2, \cdots$ の 1 次同次関数である．よって，Euler の定理より

$$G = \sum_i M_i \left(\frac{\partial G}{\partial M_i}\right)_{T, p, \text{all} M_{j(\neq i)}}$$

となる．式 (3.5) の化学ポテンシャル μ_i を用いて表すと，これは式 (3.8) である．◆

式 (3.8) から得られる dG と，式 (3.4) の dG から

$$M_1 d\mu_1 + M_2 d\mu_2 + \cdots = -S dT + V dp \tag{3.9}$$

を得る．この関係式は **Gibbs-Duhem 式**と呼ばれる．これは，dU の全示量変

---

* G の基本微分恒等式 (3.4) の右辺に微分量として現れる変数のことである．

48 ● 第3章　自由エネルギー

数，すなわち式 (3.1) 右辺の $S, V, M_1, M_2, \cdots$ を Legendre 変換により，それらの共役変数に置換した式である．実際，$U(S, V, M_1, M_2, \cdots)$ の全示量変数を変える Legendre 変換

$$\Psi \equiv U - TS + pV - \mu_1 M_1 - \mu_2 M_2 - \cdots$$

を考えれば

$$d\Psi = -S\,dT + V\,dp - M_1\,d\mu_1 - M_2\,d\mu_2 - \cdots$$

が得られるが，式 (2.25) より $\Psi \equiv 0$ だから $d\Psi = 0$．よって，式 (3.9) が得られる．dU の全示量変数のうち，体積 V 以外のものを Legendre 変換すると

$$\Omega(T, V, \mu_1, \mu_2, \cdots) \equiv U - TS - \mu_1 M_1 - \mu_2 M_2 - \cdots \qquad (3.10)$$

この熱力学関数は〝グランドカノニカル〟自由エネルギー，またはグランドポテンシャルと呼ばれる（この名称は，統計力学の〝グランドカノニカル〟集団との関係に由来する）．式 (3.10) と (3.1) より

$$d\Omega = -p\,dV - S\,dT - M_1\,d\mu_1 - M_2\,d\mu_2 - \cdots \qquad (3.11)$$

また，式 (3.10) と (2.25) から

$$\Omega = -V\,p(T, \mu_1, \mu_2, \cdots) \qquad (3.12)$$

すなわち，Ω は $T, \mu_1, \mu_2, \cdots$ 一定のもとで，V に比例する自由エネルギーなのである．単位体積当りの Ω，すなわち自由エネルギー密度 Ω/V は系の大きさによらない $-p$ である．圧力 p，温度 T，化学ポテンシャル $\mu_1, \mu_2, \cdots$ のように系の大きさによらない熱力学量の性質のことを**示強性**という．Ω/V は示強変数 $T, \mu_1, \mu_2, \cdots$ の示強関数である．

3.2 平衡と凸性

非常に大きな孤立系の中に，それよりも十分小さな部分系が含まれていると想像しよう（図3.1）．部分系は閉じており，その体積 V も化学組成 $M_1, M_2,$ … も変化しない（固定されている）ものとする．部分系に対しては，どのような仕事もなされない．この部分系が興味の対象である"系"であり，それ以外の部分（孤立系のうち部分系を除いた部分）は熱浴，または恒温槽である．

最初，部分系は熱浴と同じ温度 T をもつ"拘束された"平衡状態にある．拘束が取り除かれると，部分系は自発的に（すなわち不可逆的に）"完全な"平衡状態に近づく．最終的に，部分系の温度は再び熱浴の温度 T になる．熱浴は巨大だから，部分系で進行する不可逆変化に何の影響も受けず，したがって常に，温度 T の平衡状態にあると見なせる．まさにそれが，熱浴（恒温槽）の定義なのだ —— ということは，部分系が平衡状態に至るまでの過程で，部分系が熱浴から吸収した熱 q（正負どちらでもよい）は，**熱浴にとっては可逆的に**失われたことになる．すなわち，熱浴のエントロピー変化は $-q/T$ で与えられる．一方，部分系のエントロピー変化は何らかの値 ΔS である（部分系にとっては，q は可逆的に吸収したものではない！）．

以上より，孤立系全体のエントロピー変化は，エントロピーの示量性から

$$\Delta S - \frac{q}{T}$$

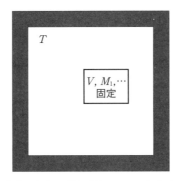

図 3.1 非常に大きな孤立系と，それよりも十分小さな部分系．部分系の $V, M_1, \cdots$ は固定されている

50 ● 第3章 自由エネルギー

となる. 孤立系全体で見れば, その中で自発過程が起こったのだから, エント
ロピー変化は正でなければならない. すなわち

$$\Delta S - \frac{q}{T} \geq 0 \qquad (3.13)$$

ただしここで, 等号 "=" は部分系が最初から完全な平衡状態にある場合にの
み成立する. 議論のはじめに部分系の $V, M_1, M_2, \cdots$ は固定されていると仮定
したが, この不等式を導く際には, この条件を用いていない. この不等式
(3.13) は一般に成立する.

　ここで V が一定の条件を使うと, 部分系のエネルギー変化は $\Delta U = q$ であ
る. したがって上の不等式 (3.13) は

$$\Delta S - \frac{\Delta U}{T} \geq 0$$

となる. 絶対温度 T は正だから (慣例により正としているため)

$$\Delta U - T \Delta S \leq 0$$

部分系の初期温度と最終温度は共通の T だから, $T \Delta S = \Delta(TS)$ とすること
ができて, 上の式は

$$\Delta(U - TS) \leq 0$$

となる. つまり (式3.3から)

$$\Delta F \leq 0 \quad (T, V, M_1, M_2, \cdots \text{を固定した条件下での自発過程}) \qquad (3.14)$$

を得る.

　このように, $T, V, M_1, M_2, \cdots$ が固定された系において自発過程が起こると
き, 系の Helmholtz 自由エネルギー F は減少する. このような系の平衡条件
は, 所定の $T, V, M_1, M_2, \cdots$ に対して, F が極小になるということである.

V を一定とした条件下での自発過程では $\Delta U - T\Delta S \leq 0$ であったが，さらにエントロピー一定（$\Delta S = 0$）の条件が加わると，$\Delta U \leq 0$ となる．すなわち

$$\Delta U \leq 0 \quad (S, V, M_1, M_2, \cdots \text{を固定した条件下での自発過程}) \qquad (3.15)$$

つまり平衡状態において，U は定められた $S, V, M_1, M_2, \cdots$ のもとで極小値をとる．これは，U が全変数について下に凸である（凸関数である）ことを意味する．

図 3.1 のような部分系ではなく，一般的な系における無限小の可逆変化に対して，F の無限小変化は

$$dF = d(U - TS) = đq_{\text{rev}} + đw_{\text{rev}} - T\,dS - S\,dT$$

となる．$T\,dS = đq_{\text{rev}}$ だから

$$dF = đw_{\text{rev}} - S\,dT$$

である．したがって，温度 T が一定の条件では

$$dF = đw_{\text{rev}} \qquad (T \text{は一定}) \qquad (3.16)$$

等温過程の有限な変化に対しては上式を積分し

$$\Delta F = w_{\text{rev}}$$

が得られる．さらに，仕事が pV 仕事のみのときには

$$\Delta F = -\int p\,dV \qquad (\text{等温過程})$$

となる．

不等式 (3.14) は，体積・温度一定条件下における自発過程に対するものだった．では，圧力・温度一定条件下における自発過程の場合はどうなるか．$T, p, M_1, M_2, \cdots$ の固定された系において自発過程が進行するとき，Gibbs 自由エネルギー変化 ΔG が不等式

52 ● 第3章　自由エネルギー

$$\Delta G \leq 0 \quad (T, p, M_1, M_2, \cdots \text{を固定した条件下での自発過程}) \qquad (3.17)$$

を満たすことがわかる．そして系が平衡状態に達したとき，G は定められた $T, p, M_1, M_2, \cdots$ のもとで極小になる．

　さて，これまで閉じた系を見てきたが，開いた系についても不等式が導かれる．温度 T，体積 V，各成分の化学ポテンシャル $\mu_1, \mu_2, \cdots$ が固定された系において自発過程が進行するとき

$$\Delta \Omega \leq 0 \quad (T, V, \mu_1, \mu_2, \cdots \text{を固定した条件下での自発過程}) \qquad (3.18)$$

となる．そして平衡状態において，Ω は定められた $T, V, \mu_1, \mu_2, \cdots$ のもとで極小になる．

　不等式 (3.14), (3.17), (3.18) が成立する自発過程は，系の温度 T，圧力 p，あるいは化学ポテンシャル $\mu_1, \mu_2, \cdots$ が固定されたものとしているが，これは自発過程の進行中に，これらの示強変数が常に一定に保たれているという意味ではない．自発過程進行前の拘束された平衡状態と，最終的な平衡状態において，これらが等しい値をとるという意味である．不可逆過程が進行している最中は，系は非平衡状態にあるから，一般には温度などの熱力学量の値は定まらない．一方，系と接触している熱浴は常に平衡状態にあるので，これらの熱力学量の値は一定に保たれている．

　Quiz　式 (3.17) および (3.18) を導け．
　Answer　各自考えよ．◆

　$S(U, V, M_1, M_2, \cdots)$ はそのすべての変数（いずれも示量変数）について下に凹であり，$U(S, V, M_1, M_2, \cdots)$ はそのすべての変数（いずれも示量変数）について下に凸であった．S の極値条件から $S(U, V, M_1, M_2, \cdots)$ の凹性を導いたように，式 (3.14), (3.17) からも次の結論が導かれる．

- $F(T, V, M_1, M_2, \cdots)$：$T$ が一定のもと，示量変数 $V, M_1, M_2, \cdots$ について下に凸．示量変数 $V, M_1, M_2, \cdots$ が一定のもと，示強変数 T について

3.2 平衡と凸性 ● 53

下に凹.

- $G(T, p, M_1, M_2, \cdots)$：$T, p$ が一定のもと，示量変数 $M_1, M_2, \cdots$ について下に凸. 示量変数 $M_1, M_2, \cdots$ が一定のもと，示強変数 T, p について下に凹.

さらに別の状態関数についても考えよう. $U(S, V, M_1, M_2, \cdots)$ の変数 $S, V, M_1, M_2, \cdots$ のうち，1 つを除いてすべての示量変数を共役変数に置き換える Legendre 変換を行う. その結果得られる状態関数は，残った唯一の示量変数について凹でも凸でもなく，それに比例する. たとえば，グランドカノニカル自由エネルギー $\Omega(T, V, \mu_1, \mu_2, \cdots)$ は $T, \mu_1, \mu_2, \cdots$ が一定のもと，V に比例する. 一方，V が一定のもとでは，Ω は $T, \mu_1, \mu_2, \cdots$ について下に凹である.

Quiz 以下の問いに答えよ.

(a) $F(T, V, M_1, M_2, \cdots)$，$G(T, p, M_1, M_2, \cdots)$，$\Omega(T, V, \mu_1, \mu_2, \cdots)$ は，その変数のうちですべての示量変数を固定したとき，残りの示強変数について下に凹となる. これを示せ.

(b) $\Omega(T, V, \mu_1, \mu_2, \cdots)$ は，すべての示強変数 $T, \mu_1, \mu_2, \cdots$ を固定したとき，唯一の示量変数 V について凹でも凸でもなく，それに比例する. その理由を考えよ.

Answer (a) これは Legendre 変換の性質から説明できる. つまり数学の問題といえる.

すべての変数 $X_1, X_2, \cdots, X_n$ について，下に凸である関数を $f(X_1, X_2, \cdots, X_n)$ とし，その Legendre 変換を

$$g(y_1, y_2, \cdots, y_r, X_{r+1}, \cdots, X_n) = f - \sum_{i=1}^{r} X_i y_i$$

とする. ここで

$$y_i = \left(\frac{\partial f}{\partial X_i} \right)_{X_i'}$$

である（偏導関数の添え字 X_i' は，X_i 以外の f の全変数を固定するという意味である. 以下も同様）. 以下では，$g(y_1, y_2, \cdots, y_r, X_{r+1}, \cdots, X_n)$ の変数のうち，$X_{r+1}, \cdots, X_n$ が一定のとき，g は残りの変数 $y_1, y_2, \cdots, y_r$ について下に凹であることを示す.

54 ● 第3章　自由エネルギー

f がすべての変数について下に凸である条件は

$$\sum_{i=1}^{n}\sum_{j=1}^{n}\frac{\partial^2 f}{\partial X_i \partial X_j}\delta X_i \delta X_j \geq 0$$

または

$$\sum_{i=1}^{n}\delta X_i \delta y_i \geq 0$$

$X_{r+1},\cdots,X_n$ が一定のとき，この条件は

$$\sum_{i=1}^{r}\delta X_i \delta y_i \geq 0 \qquad\qquad (1)$$

となる*．さらに，$X_i\,(1 \leq i \leq r)$ の独立変数を g と同じく $y_1,\cdots,y_r,X_{r+1},$ $\cdots,X_n$ とし，$X_{r+1},\cdots,X_n$ が一定であることを考慮すると

$$\delta X_i = \sum_{j=1}^{r}\left(\frac{\partial X_i}{\partial y_j}\right)_{y_{j'}}\delta y_j$$

f の Legendre 変換である g の微分は

$$dg = -\sum_{i=1}^{r}X_i dy_i + \sum_{i=r+1}^{n}y_i dX_i$$

これより

$$X_i = -\left(\frac{\partial g}{\partial y_i}\right)_{y_{j'}}$$

よって

$$\delta X_i = -\sum_{j=1}^{r}\frac{\partial^2 g}{\partial y_i \partial y_j}\delta y_j$$

これを上の式（1）に代入すると

$$\sum_{i=1}^{r}\sum_{j=1}^{r}\frac{\partial^2 g}{\partial y_i \partial y_j}\delta y_i \delta y_j \leq 0$$

よって，g は $X_{r+1},\cdots,X_n$ が一定のとき，$y_1,y_2,\cdots,y_r$ について下に凹である．

（b）この結果は数学から得られるものではなく，熱力学の法則に由来する．$U(S,V,M_1,M_2,\cdots)$ の独立変数である示量変数 $S,V,M_1,M_2,\cdots$ の共役変数 $T,-p,\mu_1,\mu_2,\cdots$ は，Gibbs-Duhem 式（3.9）を満たす．したがって，これらのうち 1 つを除いて固定すると，この残りの 1 つも固定される．たとえば $T,\mu_1,\mu_2,\cdots$ を固定すると $-p$ も固定される．したがって

---

* 　久保亮五編，『大学演習　熱学・統計力学（修訂版）』（裳華房，1998）p. 96.

$$\left(\frac{\partial \Omega}{\partial V}\right)_{T,\mu_1,\mu_2,\cdots} = -p, \quad \left(\frac{\partial^2 \Omega}{\partial V^2}\right)_{T,\mu_1,\mu_2,\cdots} = 0$$

すなわち，Ω は V について凸でも凹でもなく，V に比例する．

　同じことは，示量変数 $S, V, M_1, M_2, \cdots$ のうち，S 以外あるいは M_i 以外を共役変数に Legendre 変換した関数についても成立する．　◆

　F と G の凸性（下に凸であること）から，C_V に関する不等式（2.21）と同様の安定条件を導くことができる．**等温圧縮率 χ は**

$$\chi \equiv -\frac{1}{V}\left(\frac{\partial V}{\partial p}\right)_T \tag{3.19}$$

と定義される量である．ところで，式（3.6）の 2 番目の等式 $(\partial F/\partial V)_T = -p$ を体積 V で微分して，等温圧縮率の定義式（3.19）を用いると

$$\left(\frac{\partial^2 F}{\partial V^2}\right)_T = -\left(\frac{\partial p}{\partial V}\right)_T = \frac{1}{V\chi}$$

が得られる．一方で，Helmholtz 自由エネルギーの示量変数に関する凸性より

$$\left(\frac{\partial^2 F}{\partial V^2}\right)_T > 0$$

が成立するから，以下の安定条件（不等式）が得られる．

$$\chi > 0 \tag{3.20}$$

すなわち温度一定のもと，系の圧力を上げれば体積は必ず減少する．あるいは，体積を小さくすると圧力は必ず増大する．

　また，$(\partial^2 F/\partial M_i{}^2)_{T,V,\mathrm{all}M_{j(\neq i)}} > 0$ および式（3.5）の最初の式から

$$\left(\frac{\partial \mu_i}{\partial M_i}\right)_{T,V,\mathrm{all}M_{j(\neq i)}} > 0 \tag{3.21}$$

さらに，$(\partial^2 G/\partial M_i{}^2)_{T,p,\mathrm{all}M_{j(\neq i)}} > 0$ および式（3.5）の第 2 式から

56 ● 第3章 自由エネルギー

$$\left(\frac{\partial \mu_i}{\partial M_i}\right)_{T, p, \text{all } M_{j(\neq i)}} > 0 \tag{3.22}$$

が成立する．すなわち，温度一定，体積あるいは圧力一定，成分 i 以外のすべての成分量一定の条件で，成分 i の量が増えると，成分 i の化学ポテンシャルは増大する．

不等式 (2.21), (3.20), (3.21), (3.22) は凹性または凸性の条件から得られる**熱力学不等式**全体のほんの一部にすぎないが，広く役に立つ式である．

3.3 ポテンシャル，場，密度

熱力学関数のなかには，熱力学ポテンシャルと呼ばれるものがある．**熱力学ポテンシャル**とは，ある変数の熱力学関数をその変数で**微分するだけ**で，系のその他すべての熱力学関数が得られる —— そのような関数のことを意味する．"微分するだけ"という点が重要で，未知定数が現れる積分を行う必要がない．

関数 $S(U, V, M_1, M_2, \cdots)$, $F(T, V, M_1, M_2, \cdots)$, $G(T, p, M_1, M_2, \cdots)$ および $p(T, \mu_1, \mu_2, \cdots)$ は，それらの変数の組の関数としたとき，熱力学ポテンシャルである．関数 $p(T, \mu_1, \mu_2, \cdots)$ を微分すると，各種の**密度**（次ページ参照）

$$\left(\frac{\partial p}{\partial \mu_1}\right)_{T, \mu_2, \cdots} = \frac{M_1}{V}, \quad \left(\frac{\partial p}{\partial T}\right)_{\mu_1, \mu_2, \cdots} = \frac{S}{V}$$

と，それらの導関数が得られる．$p(T, \mu_1, \mu_2, \cdots)$ の代わりに，グランドカノニカル自由エネルギー（示量性ポテンシャル）

$$\Omega(T, V, \mu_1, \mu_2, \cdots) = -V p(T, \mu_1, \mu_2, \cdots) \qquad (式 3.12)$$

を選んでもよい．その場合の導関数は次のようになる．

$$\left(\frac{\partial \Omega}{\partial V}\right)_{T, \mu_1, \mu_2, \cdots} = -p, \quad \left(\frac{\partial \Omega}{\partial T}\right)_{V, \mu_1, \mu_2, \cdots} = -S, \quad \left(\frac{\partial \Omega}{\partial \mu_1}\right)_{T, V, \mu_2, \cdots} = -M_1 \tag{3.23}$$

微分式 (3.1), (3.4), (3.9)（および式 3.9 を V で割ったもの），(3.11) の係

3.3 ポテンシャル，場，密度 ● *57*

数として現れる熱力学関数は，熱力学ポテンシャルの 1 階導関数として得られ，その他すべての熱力学量も，同じ独立変数に関する高次微分から得られる．

ここで誤解のないように付言すれば，これまでの説明は，たとえば〝p を変数 $T, M_1/V, M_2/V, \cdots$ の関数と見なすことはできない〟といっているのではない．事実，p はこれらの変数の値が決まれば定まる．しかしその場合，p は上で定義した意味でのポテンシャルではない．

熱力学ポテンシャルのなかでも，とくに $S(U, V, M_1, M_2, \cdots)$，$F(T, V, M_1, M_2, \cdots)$，$G(T, p, M_1, M_2, \cdots)$ および $\Omega(T, V, \mu_1, \mu_2, \cdots)$ は，統計熱力学において重要なポテンシャルである．熱力学は〝熱力学ポテンシャルが具体的にどのような関数であるか〟という問いに答えることはできない．熱力学ポテンシャルは考察する系に固有の関数であり，状態方程式と見なせる（ただし，すべての状態方程式が熱力学ポテンシャルというわけではない）．一方，統計熱力学の主目的は，系の微視的性質から熱力学ポテンシャルを導くことである．

熱力学ポテンシャル $p(T, \mu_1, \mu_2, \cdots)$ および，その変数 $T, \mu_1, \mu_2, \cdots$ は，Gibbs–Duhem 式（3.9）において微分 $dp, dT, \cdots$ として現れる熱力学量であり，これらは**場**と呼ばれる[*]（この名称は磁性物理学に由来する．磁〝場〟は磁化 —— 示量変数 —— の共役熱力学変数である）．一方，式（3.9）を V で割ったときの係数 S/V，M_1/V などは**密度**と呼ばれる．より広義には，密度という用語は，任意の一対の示量変数の比のことを指す．

図 3.2 に示すように，平衡状態にある均一系では，どの場所でも場，密度は同じ値をもち，その意味で，場と密度は**示強的**である．**示強変数**は系に固有の物性を反映し，系の大きさに依存しない．一方，不均一系において，密度は系の部分部分で異なる値をとる（それが**不均一系**の定義である）．しかし，場は系のどの場所でも同じ値をとる．すなわち場は均一である．ただし場のうち，圧力 p については例外がある．接触する異なる相の界面が曲がっているとき，p は 2 相で異なる値をとる．たとえば，水中に気泡があるとき，気泡内部の圧力は水圧に等しくない．もし界面が平面であれば，圧力は 2 相で等しい値をと

---

[*]　R. B. Griffiths and J. C. Wheeler, Phys. Rev. A **2**, 1047（1970）.

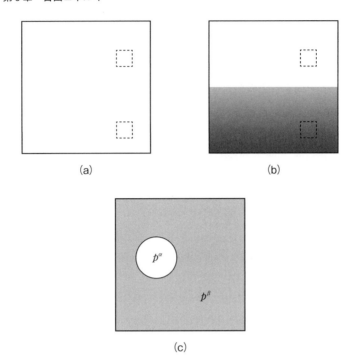

図 3.2 均一系と不均一系. (a) 平衡状態にある均一系では,示強変数(場と密度)はどの部分でも同じ値. (b) 不均一系では密度は場所ごとに異なるが,場は同じ値をとる. (c) 水中の気泡のように 2 相界面が曲面であれば,圧力は 2 相で異なる

る*. すなわち,場は均一である.

場の均一性は,これまで見てきた平衡条件 —— 式 (2.14), (3.14) または (3.17) の不等号を等号にしたもの —— の結果として導くことができる. それを示すために,2 つの部分からなる合成系を用意して,部分系の一方から他方へと熱,体積,または物質が移動する過程を考える.

まず,温度 T の均一性を確めよう. 図 3.3 のように,異なる温度 T' と T''

---

* 半径 R の気泡内部の圧力を p^α,水圧を p^β とすると

$$p^\alpha - p^\beta = \frac{2\sigma}{R} \quad (\text{Laplace の式})$$

が成立する. σ は界面張力で,常に $\sigma > 0$ だから,気泡内部の圧力は外側の水圧よりも高い. $R \to \infty$ のとき,すなわち界面が平面のとき,気相と水相の圧力は等しくなる.

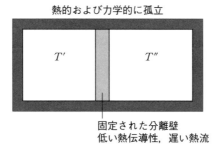

図 3.3 温度の均一性

をもつ 2 つの部分からなり,周囲から熱的にも力学的にも孤立した合成系を用意する. 2 つの部分は熱伝導性が非常に低い,固定分離壁で隔てられている. 熱は非常にゆっくりとしか移動しないから,部分系はどの瞬間も常に平衡状態にあって,部分系にとっての熱の移動は可逆的であると見なせる. 合成系として見れば,温度が 2 つの部分で異なるのだから,熱の流れは不可逆的である. 分離壁は,その不可逆性のよりどころである.

さて,いま部分系は仕事をしないし,されもしないので,それぞれのエネルギーの無限小変化は

$$dU' = dq', \quad dU'' = dq''$$

さらに,合成系は孤立しているため

$$dU' + dU'' = 0$$

したがって

$$dq' = -dq''$$

となる. 熱の移動は,各部分系にとっては可逆的と見なせるため,エントロピーの無限小変化は

$$dS' = \frac{dU'}{T'} = \frac{dq'}{T'}, \quad dS'' = \frac{dU''}{T''} = \frac{dq''}{T''}$$

60 ● 第3章　自由エネルギー

一方，孤立した合成系にしてみれば，不可逆過程だから

$$dS' + dS'' \geq 0$$

ただしここで，等号"＝"は合成系が完全な平衡状態にあり，S が最大となるときにのみ成立する．以上より

$$\frac{dq'}{T'} + \frac{dq''}{T''} = \left(\frac{1}{T'} - \frac{1}{T''}\right)dq' \geq 0$$

これは

$$T'' \geq T' \text{ ならば } dq' \geq 0 \quad \text{あるいは} \quad T' \geq T'' \text{ ならば } dq' \leq 0$$

を意味する．熱は高温から低温に流れる．また，いずれかの等号が成立するとき，すべての等号が成立する．すなわち

$$T'' = T' \text{（温度が等しい）} \Longleftrightarrow dq' = 0 \text{（自発的な熱の流れはなし）}$$

合成系が完全な熱平衡状態にあるとき（$dS' + dS'' = 0$），（自発的な熱の流れではない）任意の dq' に対して

$$\left(\frac{1}{T'} - \frac{1}{T''}\right)dq' = 0$$

よって，このとき（熱平衡状態のとき）

$$T' = T''$$

となる．つまり，温度は均一である．

次に，圧力 p の均一性を確めよう．図 3.4 のように，分離壁に隔てられた，圧力 p' と p'' の部分系からなる合成系を考える．合成系の全体積 V と温度 T は一定に保たれている（合成系は力学的に孤立しているが，周囲と熱的に接触している）．分離壁は固定されておらず，部分系は体積を"交換"できる．つまり，2つの部分の体積 V', V'' は

$$dV' + dV'' = 0$$

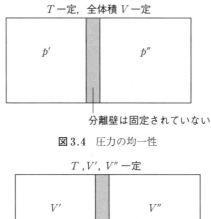

図 3.4 圧力の均一性

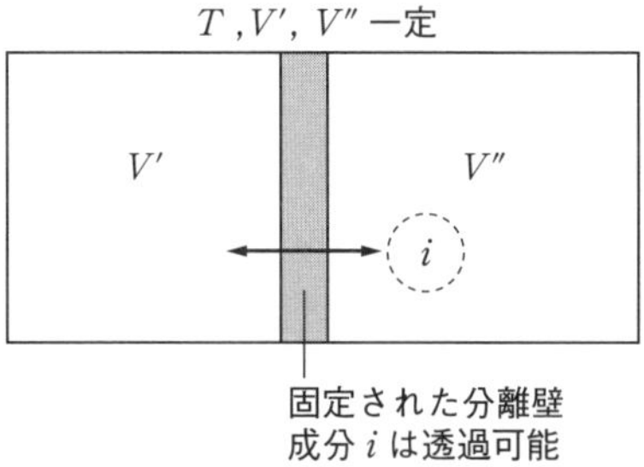

図 3.5 化学ポテンシャルの均一性

を満たす．

いま，合成系が T, V が一定の不可逆過程を起こすとき

$$dF\,(= dF' + dF'') \leq 0$$

また，$dT = 0$ より

$$dF' = -p'\,dV', \quad dF'' = -p''\,dV'' = p''\,dV'$$

よって

$$(p'' - p')dV' \leq 0$$

この式から，平衡状態（等号が成立している状態）では $p'' = p'$ であることがわかる．平衡状態でなければ $p'' - p'$ と dV' とは反対の符号をもち，分離壁は 2 つの部分の圧力が等しくなるまで，自発的に低圧側に向かって動く．

平衡状態にある系では，化学ポテンシャルも均一である．これを確めるために，固定された体積 V' と V'' をもつ部分からなる合成系を考える（図 3.5）．

62 ● 第3章　自由エネルギー

系の温度 T は均一で一定に保たれている．2つの部分は固定された分離壁で隔てられているが，この壁は成分 i の移動を許す．合成系は周囲に対して閉じている．このような条件のもとで，合成系が不可逆過程を起こすとき

$$dM_i' + dM_i'' = 0 \quad および \quad dF\,(= dF' + dF'') \leq 0$$

が成立する．

$$dF' = -S'\,dT - p'\,dV' + \mu_1'\,dM_1' + \mu_2'\,dM_1' + \cdots$$

だが，M_i' 以外の変数は固定されているから

$$dF' = \mu_i'\,dM_i'$$

同様に

$$dF'' = \mu_i''\,dM_i'' = -\mu_i''\,dM_i'$$

よって

$$(\mu_i' - \mu_i'')dM_i' \leq 0$$

すなわち，$\mu_i' - \mu_i''$ と dM_i' とは反対の符号をもつ．たとえば，$\mu_i'' > \mu_i'$ のとき $dM_i' > 0$ である．つまり，成分 i の化学ポテンシャルについて高い領域と低い領域があれば，高いほうから低いほうへ成分 i が移動する．成分 i の移動に関して系が平衡状態にあるとき，$\mu_i' = \mu_i''$ となる．

　ある熱力学量が示量変数か示強変数かを区別することは，示強変数が密度のことを指すとすれば，それは些細なこと，表面的なことにすぎない．一方で，**場と密度の区別は本質的に重要なことだ**．57ページで例示した通り，不均一系では局所密度は均一ではなく，場所ごとに異なる．そして実際，現実系の多くは不均一系である．しかし系が不均一であっても，平衡状態にある限り，場は均一である．温度，圧力，化学ポテンシャルといった場は，系のどの部分でも同じ値をとる．ただし場の変数に拘束条件が課されているときにはそうではなく，たとえば，系の一部が断熱壁で他と隔てられた条件下では温度は均一にならない．

3.4 化学平衡

化学平衡の条件について考えていこう．任意の化学反応式は，次のように表すことができる．

$$aA + bB + \cdots \rightleftharpoons xX + yY + \cdots \tag{3.24}$$

ここで $A, B, \cdots, X, Y, \cdots$ は，反応物または生成物として反応に関わる物質の化学式を示し，$a, b, \cdots, x, y, \cdots$ は，反応で消費されるまたは生成される物質の相対分子数（またはモル数）を与える**化学量論係数**である（このような化学量論は，本質的に分子論に基づく概念であり，本書では，この段階ではじめて分子モデルが登場したことになる．42 ページで触れた Gibbs の指摘通り，これ以降は化学物質のモル質量が基本式に現れることになる）．

上の化学反応（3.24）が，ある状態から無限小量だけ進む場合を考える．**反応進行度** ξ は，その無限小変化 $d\xi$ によって，化学反応に関わる化学成分の質量 $M_A, \cdots, M_X, \cdots$ が，次のように変化するパラメータである．

$$dM_A = -am_A d\xi, \quad dM_B = -bm_B d\xi, \quad \cdots,$$
$$dM_X = xm_X d\xi, \quad dM_Y = ym_Y d\xi, \quad \cdots$$

ここで $m_A, \cdots, m_X, \cdots$ などは，それぞれの物質のモル質量である．圧力 p，温度 T が一定の条件で反応が進むとすれば

$$dG = \mu_A dM_A + \cdots + \mu_X dM_X + \cdots$$
$$= (-am_A \mu_A - \cdots + xm_X \mu_X + \cdots)d\xi \leq 0$$

すなわち，かっこ内の量と $d\xi$ とは反対の符号をもつことに注意しよう．つまり

$$am_A \mu_A + \cdots > xm_X \mu_X + \cdots$$

ならば

$$d\xi > 0$$

64 ● 第3章　自由エネルギー

であり，順反応が起こる．

平衡条件は

$$am_A\mu_A + bm_B\mu_B + \cdots = xm_X\mu_X + ym_Y\mu_Y + \cdots$$
$$\text{（質量基準の } \mu_i \text{ の場合）} \qquad (3.25)$$

である（p, T を固定する代わりに V, T を固定した場合，平衡条件は $dF = 0$
である．また U, V を固定した場合 —— すなわち，孤立系においては —— 平
衡条件は $dS = 0$ となる．しかし，いずれの場合でも同じ式 3.25 が得られる）．
あとで見るように，化学平衡の条件式（3.25）から，希薄系における質量作用
の法則が導かれる．式（3.25）はモル質量について同次であり，したがってモ
ル質量の単位として何を選ぼうが成立する．

もし質量ではなく，分子数またはモル数に基づく化学ポテンシャル μ を定
義していたら（41 ページ参照），化学量論の背後にある分子描像（モデル）が
何であるかを直接知ることはできない．なぜならその場合，化学平衡の条件は

$$a\mu_A + b\mu_B + \cdots = x\mu_X + y\mu_Y + \cdots \qquad \text{（モル数基準の } \mu_i \text{ の場合）}$$

となり，モル質量が式の中に直接現れないからだ．一方，式（3.25）にはモル
質量が現れ，分子の定義（どのような原子集団を 1 分子と見なしたか）がただ
ちにわかる．

さて，〝独立した化学成分〟をどのように数えるべきかという問題を 2.5 節
で指摘したが，ここでそれに答えよう．単一成分である水を例にして考える
（簡単のため，同位体組成は固定されていると考える．もし，同位体組成を変
数としても，独立した化学成分の数に変更は生じるが，新しい原理が必要にな
るわけではない）．常温常圧における水は，H_2O という単一分子種から構成さ
れていると見なすのが普通であるが，それらが水素結合を形成することにより，
区別可能な複数の分子種 $(H_2O)_n$ $(n = 1, 2, \cdots)$ が水を構成していると考えて
もよい．その場合，平衡状態では

$$2H_2O \Longrightarrow (H_2O)_2$$

などの化学平衡が成立する．したがって，何種類かの分子種が存在すると考えても，分子種の数から1を引いた数だけの独立した条件式 —— 化学ポテンシャルに関する平衡条件（3.25）—— が成立するため，独立に変化することのできる化学ポテンシャルは1つだけになる．したがって，〝純水は1成分系である″という結論になる．

　もし，OとHを別べつの分子種と認めれば，化学量論的な拘束条件 $M_O = 8M_H$，または $n_H = 2n_O$ が成立するため，やはり独立成分の数は1になる．したがって，最初の問いに対する答えはこうなる —— 一般に，独立した化学成分の数は，分子種の数から拘束条件の数を引いたものである．拘束条件は平衡条件でも化学量論の条件でもよい．以上の論点は，相律（第4章）を考えるときに重要になる．

3.5　いくつかの熱力学恒等式

　式（3.3）〜（3.9）を用いれば，数かずの熱力学恒等式を導くことができる．そして，その多くは役に立つものである．

　まず，Gibbs-Duhem式（3.9）を次のように書き換える．

$$dp = s\,dT + \rho_1\,d\mu_1 + \rho_2\,d\mu_2 + \cdots \tag{3.26}$$

ここで $s = S/V$ はエントロピー密度，$\rho_i = M_i/V$ は成分 i の質量密度である．この式からわかるように，熱力学ポテンシャル $p(T, \mu_1, \mu_2, \cdots)$ の導関数として

$$s = \left(\frac{\partial p}{\partial T}\right)_{\mu_1, \mu_2, \cdots}, \qquad \rho_i = \left(\frac{\partial p}{\partial \mu_i}\right)_{T, \text{all}\,\mu_{j(\neq i)}} \tag{3.27}$$

が得られる（偏導関数の添え字〝all $\mu_{j(\neq i)}$″は，i 以外のすべての分子種の化学ポテンシャルを固定することを意味する）．

66 ● 第3章　自由エネルギー

もう1つ，別の形の Gibbs-Duhem 式もある．

$$d\frac{p}{T} = -u\,d\frac{1}{T} + \rho_1 d\frac{\mu_1}{T} + \rho_2 d\frac{\mu_2}{T} + \cdots \tag{3.28}$$

ここで $u = U/V$ はエネルギー密度である．この式（3.28）は式（3.3），（3.8），（3.9）（または式 3.26）から導くことができる（本章末の問題2で実際に導く）．この Gibbs-Duhem 式（3.28）より，エネルギー密度 u は p/T の導関数であることがわかる．

$$u = -\left[\frac{\partial(p/T)}{\partial(1/T)}\right]_{\mu_1/T, \mu_2/T, \cdots} \tag{3.29}$$

また，$(\partial F/\partial T)_V = -S$（式 3.6）と $F = U - TS$（式 3.3），そして，これらとよく似た形の式 $(\partial G/\partial T)_p = -S$（式 3.6）と $G = H - TS$（式 3.3）から，次の Gibbs-Helmholtz 式が導かれる．

$$\left[\frac{\partial(F/T)}{\partial T}\right]_V = -\frac{U}{T^2}, \quad \left[\frac{\partial(G/T)}{\partial T}\right]_p = -\frac{H}{T^2} \tag{3.30}$$

あるいは上を変形し

$$\left[\frac{\partial(F/T)}{\partial(1/T)}\right]_V = U, \quad \left[\frac{\partial(G/T)}{\partial(1/T)}\right]_p = H \tag{3.31}$$

を得る．これらは有用な熱力学恒等式で，125ページなどでも用いる．

55ページで定義した等温圧縮率

$$\chi \equiv -\frac{1}{V}\left(\frac{\partial V}{\partial p}\right)_T \quad （式 3.19）$$

と類似の熱力量に**熱膨張係数** α がある．これは，圧力一定のもとでの温度上昇に伴う体積の増加率として定義される．

$$\alpha \equiv \frac{1}{V}\left(\frac{\partial V}{\partial T}\right)_p \tag{3.32}$$

3.5 いくつかの熱力学恒等式 ● 67

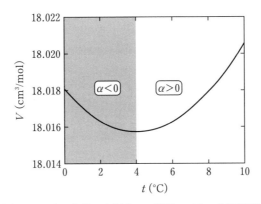

図 3.6 大気圧下の水の体積 V と温度 t の関係. 4 °C で熱膨張係数 α は 0, それ以下の温度で負になる

安定条件により, χ は常に正の値をとる（不等式 3.20）. 一方, α の符号に関して制約はなく, 原理的にいずれの符号も可能である. たとえば大気圧下の水の場合, 4 °C で密度が最大となり $\alpha = 0$, 融点から 4 °C までは $\alpha < 0$ である（図 3.6）.

等温圧縮率 χ, 熱膨張係数 α に加えて, もう1つ, **熱圧力係数** γ_V と呼ばれる熱力学量がある. γ_V は体積 V または密度 ρ が一定のもとでの温度上昇に伴う圧力の増加率として定義される.

$$\gamma_V \equiv \left(\frac{\partial p}{\partial T}\right)_V \tag{3.33}$$

これら χ, α, γ_V は 3 変数 V, p, T の組合せで定義される 3 つの偏導関数である. 熱力学恒等式

$$\left(\frac{\partial p}{\partial T}\right)_V \left(\frac{\partial T}{\partial V}\right)_p \left(\frac{\partial V}{\partial p}\right)_T = -1$$

からわかるように, 熱圧力係数 γ_V は熱膨張係数 α と等温圧縮率 χ の比に等しい.

$$\gamma_V = \frac{\alpha}{\chi} \tag{3.34}$$

気体の溶解度

　酸素，窒素，希ガス，メタンなどの無極性分子は水にほとんど溶けない．二酸化炭素は比較的よく溶けるが，極性分子に比べると水への溶解度は低い．

　興味深いことに，一般に水に対する気体の溶解度は温度を上昇させると低下する（少なくとも室温付近ではそうなる）．たとえば，湖沼の水温が上昇すれば，溶存酸素濃度は低下する．炭酸水の炭酸（二酸化炭素）も温度を低く保つと抜けにくい．一方，溶媒として他の液体を選ぶと，温度上昇とともに溶解度が上昇する場合が多い．

　では，なぜ水の場合には温度を上げると気体の溶解度が低下するのだろうか．さらにいえば，気体の溶解度の温度依存性は何によって決まるのだろうか．

　実は，溶解度の温度依存性を決定する大きな要因は，液体の熱圧力係数 γ_V の大きさにある．γ_V がある程度の大きさをもつ多くの液体では，気体は温度が高くなるほど溶けやすくなる．しかし水の場合，4 ℃ において $\gamma_V = 0$ であり，室温付近でも γ_V は他の溶媒に比べてきわめて小さい．これが酸素などの気体の溶解度が，温度上昇とともに低下する主要因である．

　なぜ γ_V の大きさが，気体の溶解度の温度依存性に関係するのか —— これは熱力学だけでは説明できない問題だが，溶液の統計力学を用いればそのメカニズムが理解できる．

$\chi > 0$ であるから，γ_V と α は同じ符号をもつ．そして $\alpha = 0$ ならば，そしてそのときに限り，$\gamma_V = 0$ である．たとえば大気圧下（1 atm），4 ℃ の水では $\alpha = \gamma_V = 0$ である．

　さて

$$dF = -SdT - pdV, \quad dG = -SdT + Vdp$$

および，混合2階導関数の等価性（dF と dG は完全微分）

$$\frac{\partial^2 F}{\partial T \partial V} = \frac{\partial^2 F}{\partial V \partial T}, \quad \frac{\partial^2 G}{\partial T \partial p} = \frac{\partial^2 G}{\partial p \partial T}$$

より

$$\left(\frac{\partial S}{\partial V}\right)_T = \left(\frac{\partial p}{\partial T}\right)_V = \frac{\alpha}{\chi} = \gamma_V$$

$$\left(\frac{\partial S}{\partial p}\right)_T = -\left(\frac{\partial V}{\partial T}\right)_p = -\alpha V$$

(3.35)

が得られる．これらは **Maxwell の関係式**である．

式（3.35）と

$$dU = T\,dS - p\,dV, \qquad dH = T\,dS + V\,dp$$

から，温度一定条件下におけるエネルギーの体積依存性，およびエンタルピーの圧力依存性を表す，次の重要な式が得られる．

$$\left(\frac{\partial U}{\partial V}\right)_T = T\left(\frac{\partial S}{\partial V}\right)_T - p = T\gamma_V - p$$

(3.36)

$$\left(\frac{\partial H}{\partial p}\right)_T = T\left(\frac{\partial S}{\partial p}\right)_T + V = V(1 - T\alpha)$$

(3.37)

式（3.36）と（3.37）で，絶対温度 T が乗法的に（掛け算として）現れることは，これらが第二法則の帰結であることを意味する（式に含まれる熱力学量 U, H, V, p，および γ_V と α の定義において温度微分として現れる温度差は，第一法則までの範囲で理解できるものだが，この式で乗法的に現れる T はそうではない）．式（3.36）と（3.37）は，次のように表すこともできる．

$$\left(\frac{\partial U}{\partial V}\right)_T = -\left[\frac{\partial (p/T)}{\partial (1/T)}\right]_V, \qquad \left(\frac{\partial H}{\partial p}\right)_T = \left[\frac{\partial (V/T)}{\partial (1/T)}\right]_p$$

(3.38)

Quiz 式（3.38）を確かめよ．
Answer 各自考えよ． ◆

Maxwell の関係式（3.35）からは，たとえば次のようなことがわかる．

多くの物質は通常 $\alpha > 0$ の状態にある．その状態から温度を一定に保ち，系を膨張させる（圧力を下げる）と，系のエントロピーは必ず増大する．一方，大気圧下で 4 ℃ より低い温度にある液体状態の水（過冷却水も含めて，一般に $\alpha < 0$ の状態にある系）を等温膨張させると，エントロピーは**減少する**．

70 ● 第3章 自由エネルギー

このようなことは，実験や計算をせずとも，熱力学がただちに結論を与える．

式（3.35）と対をなすエントロピー S の導関数は，すでに式（3.7）や 47 ページで見たように

$$\left(\frac{\partial S}{\partial T}\right)_V = \frac{C_V}{T}, \qquad \left(\frac{\partial S}{\partial T}\right)_p = \frac{C_p}{T} \tag{3.39}$$

である．S を V と T の関数と見なせば（$M_1, M_2, \cdots$ を一定として）

$$dS = \left(\frac{\partial S}{\partial T}\right)_V dT + \left(\frac{\partial S}{\partial V}\right)_T dV$$

よって，式（3.39）の最初の式と式（3.35）の最初の式より

$$dS = \frac{C_V}{T}dT + \frac{\alpha}{\chi}dV \tag{3.40}$$

となる．これは一般に成立する式だから，定圧条件における無限小変化に対しても成立する．したがって，$(\partial S/\partial T)_p$ を C_p に関連づける式（3.39）の 2 番目の式と，α の定義（3.32）より，次の式が得られる．

$$C_p = C_V + \frac{TV\alpha^2}{\chi} \tag{3.41}$$

これは，C_p と C_V を関連づける重要な熱力学恒等式である．等温圧縮率 χ は常に $\chi > 0$ だから，一般に定圧熱容量 C_p は定積熱容量 C_V より大きい．すなわち

$$C_p \geq C_V \tag{3.42}$$

ただし $\alpha = 0$ のときには，両者は等しくなる．たとえば大気圧下（1 atm），4 ℃ の水では $\alpha = 0$ となるため，$C_p = C_V$ である．

式（3.41）中の T 以外の熱力学量は（C_p, C_V を U, H の温度 T についての導関数として定義するときに現れる温度差 dT も含めて）第一法則により定義されるものではあるが，この式では T が乗法的に（掛け算として）存在する

3.5 いくつかの熱力学恒等式 ● *71*

ため，式 (3.41) は第二法則の帰結である．

不等式 (3.42)，および安定条件の不等式 $C_V > 0$ （式 2.21）から，$C_V > 0$ **より強く** $C_p > 0$ が成立することがわかる．

> ┃ Quiz S を p, T の関数と見なして，式 (3.40) に類似の式を導け．また，それから式 (3.41) が得られることを確めよ．
> ┃ **Answer** 各自考えよ．◆

式 (3.19) で定義される等温圧縮率 χ に対して，**断熱圧縮率**（等エントロピー圧縮率）χ_S は，次のように定義される．

$$\chi_S \equiv -\frac{1}{V}\left(\frac{\partial V}{\partial p}\right)_S \tag{3.43}$$

これら 2 つの圧縮率は，次の関係式で結ばれる（本章末の問題 3 で実際に導く）．

$$\chi_S = \frac{C_V}{C_p}\chi_T \tag{3.44}$$

なお，ここでは等温圧縮率を χ_S と区別するため χ_T と記した．この式と $C_p \geq C_V$ （式 3.42）から

$$\chi_S \leq \chi_T$$

であることがわかる．

さらに，式 (3.44) を書き換えると

$$\left(\frac{\partial p}{\partial V}\right)_S = \frac{C_p}{C_V}\left(\frac{\partial p}{\partial V}\right)_T$$

となる．左辺の導関数は $p\text{-}V$ 面における等エントロピー線（断熱線）の傾き，右辺の導関数は等温線の傾きである．これより，等温線と等エントロピー線（断熱線）が図 2.2 のように交わるとき，等エントロピー線のほうが等温線よりも，交点において大きな（負の）勾配をもつことがわかる．

72 ● 第3章　自由エネルギー

式（3.44）は，音響学における音速 c の式に応用することができる．音響理論によると

$$c^2 = \frac{dp}{d\rho}$$

が成立する．すなわち，音が伝わる媒体の密度 ρ に対する圧力 p の変化率によって，音速が与えられる．この導関数は，音波が進行する条件のもとで評価されなければならない．通常，音の振動数は非常に大きく，その短い周期の間，波長と等しい長さの媒体要素への熱の移動は無視できる．したがって事実上，音の伝播は断熱過程である．さらに，超音波よりも低い振動数では，周期的な膨張と圧縮は，実質的に可逆過程と見なせる．以上から，広範な振動数に関して，音の伝播は断熱可逆過程であり，したがって等エントロピー過程である．よって，$dp/d\rho$ は $(\partial p/\partial \rho)_S$ を意味する．密度 $\rho =$ 質量/体積 より，質量一定の条件のもとで次式が得られる．

$$\left(\frac{\partial p}{\partial \rho}\right)_S = -\frac{V}{\rho}\left(\frac{\partial p}{\partial V}\right)_S = \frac{1}{\rho\chi_S} = \frac{\gamma}{\rho\chi_T}$$

ただし，ここで

$$\gamma \equiv \frac{C_p}{C_V} \quad (\geq 1)$$

したがって，上に示した c^2 の公式より

$$c = \sqrt{\frac{\gamma}{\rho\chi_T}} \tag{3.45}$$

を得る．

═══════════════ 問　題 ═══════════════

1　密閉された空洞内部の熱平衡状態における放射エネルギー（黒体放射）は，空洞の体積と壁の温度 T のみに依存する．さらに，放射圧 p（電磁波が物体面に及

ぼす圧力）は，エネルギー密度 u の 1/3 であることがわかっている．エネルギー密度 u およびエントロピー密度 s が，次式で与えられることを示せ．

$$u = \beta T^4, \quad s = \frac{4}{3}\beta T^3$$

ただし，ここで β は定数である．なお，s にはさらに定数項がつくが，広く認められている —— しかし根拠のない —— 慣例に従い，ここでは 0 としている．

2 Gibbs–Duhem 式は次のように書くことができる（式 3.26）．

$$dp = s\,dT + \rho_1\,d\mu_1 + \rho_2\,d\mu_2 + \cdots$$

これは $p(T, \mu_1, \mu_2, \cdots)$ の微分を，独立変数 $T, \mu_1, \mu_2, \cdots$ の微分で表したものだ．ここで，熱力学ポテンシャルとして p の代わりに p/T を選び，これを独立変数 $1/T, \mu_1/T, \mu_2/T, \cdots$ の関数と見なして，$d(p/T)$ を次の形に書く．

$$d\frac{p}{T} = \boxed{}\,d\frac{1}{T} + \boxed{}\,d\frac{\mu_1}{T} + \boxed{}\,d\frac{\mu_2}{T} + \cdots$$

この式の係数 $\boxed{}$ を決定せよ（これはあまり見かけない Gibbs–Duhem 式だが，通常の式よりも役立つ場合が多い）．

3 以下の問いに答えよ．

(a) 断熱圧縮率（等エントロピー圧縮率）χ_S および等温圧縮率 χ_T は

$$\chi_S \equiv -\frac{1}{V}\left(\frac{\partial V}{\partial p}\right)_S, \quad \chi_T \equiv -\frac{1}{V}\left(\frac{\partial V}{\partial p}\right)_T$$

により定義される．これらが次式で関係づけられることを示せ．

$$\chi_S = \frac{C_V}{C_p}\chi_T$$

(b) ある気体が状態方程式

$$p(v - b) = RT$$

に従うとき，次を示せ．

$$\left(\frac{\partial v}{\partial p}\right)_S = -\frac{c_V}{c_V + R}\frac{v - b}{p}$$

ただし，ここで v はモル体積（1 mol 当りの体積），b は定数，c_V はモル定積熱容量（1 mol 当りの定積熱容量）である．

4 乾燥空気中および水中の音速を計算せよ．ただし乾燥空気は 1 atm，20 ℃（このとき $\rho = 1.205 \times 10^{-3}\ \mathrm{g/cm^3}$，$\gamma = C_p/C_V = 1.40$，$\chi_T = 1.00\ \mathrm{atm^{-1}}$）の状態，水は三重点（$\rho = 1.000\ \mathrm{g/cm^3}$，$\gamma = 1.001$，$\chi_T = 5.156 \times 10^{-5}\ \mathrm{atm^{-1}}$）の状態にあるとせよ．

5 以下の問いに答えよ．

(a) 理想気体（$pV = nRT$ を満たす）について，次式が成立することを示せ．

74 ● 第3章　自由エネルギー

$$\left(\frac{\partial U}{\partial V}\right)_T = 0, \qquad \left(\frac{\partial H}{\partial p}\right)_T = 0$$

これは，理想気体の U と H は温度 T のみの関数であり，圧縮の程度には依存しないという既知の事実を示す．

(b) 圧力 p，温度 T の理想気体について α と χ_T を計算せよ．

(c) n mol の理想気体について $C_p - C_V$ を計算せよ．

(d) 温度 T，モル質量 m の理想気体の音速を計算し，その結果を分子運動論により与えられる分子の根平均二乗速さ $c_{\mathrm{rms}} = \sqrt{3RT/m}$ と比較し，それについて説明せよ．

6　ゴムひもに張力 f を加えると，その長さは l になる．ゴムひもを伸ばしたときの体積変化が無視できるとき，次式を示せ．

$$\left(\frac{\partial U}{\partial l}\right)_T = f - T\left(\frac{\partial f}{\partial T}\right)_l$$

また，ゴムひもをゆっくりと断熱的に伸ばしたときの小さな温度上昇 $\varDelta T$ が，次式で与えられることを示せ．

$$\frac{\varDelta T}{T} = \int_{l_0}^{l} \frac{1}{C_l}\left(\frac{\partial f}{\partial T}\right)_l dl$$

ただし，l_0 と l はゴムひもの初めと終わりの長さ，C_l は長さ一定でのゴムひもの熱容量である．

　適度な伸長に対しては，一定長さにおける張力は，近似的に熱力学温度（つまり絶対温度）に比例することがわかっている．このとき

$$\left(\frac{\partial U}{\partial l}\right)_T = 0$$

であることを示し，理想気体との類似性を指摘せよ．

　また，$\varDelta T > 0$ であること（断熱的にゴムを伸ばしたときに実際に温度が上昇すること）を確認せよ．さらに $(\partial S/\partial l)_T$ の符号を調べよ．そして，これらの符号と理想気体の断熱膨張の際の温度変化 $\varDelta T$ と $(\partial S/\partial V)_T$ の符号とを比較せよ．

7　$\gamma\,(= C_p/C_V)$ を一定と仮定した理想気体について，p-V 面，T-V 面および p-T 面における等エントロピー線（断熱可逆線）の方程式（すなわち，p-V 面における等温線の式（$pV = $ 一定）に類似の式）を示せ．

Chapter 4 相平衡

2つの相，またはそれ以上の相が共存する状態のことを相平衡という．相平衡は原理的にも実際においても，きわめて重要な状態である．

第一に，相平衡が存在するからこそ，物質に異なる相が存在するということを認識できる．たとえば，気体と液体とが共存する状態がなく，物質の状態が液体から気体へと連続的に変化するのみならば（すなわち，沸点というものが存在しないならば），液体と気体の境界は定まらず，単に流体の密度が，温度または圧力の変化とともに連続的に変化するにすぎないことになる．また，相平衡が成立するからこそ，水に氷を加えると，しばらくの間（氷が融けてなくなるまで）温度を 0 °C に保つことができる．

熱力学の法則や恒等式を用いると，相平衡に関する普遍的知識が得られる．Gibbs が導き出した相律は，相平衡にある系の状態を特定するために必要な独立な場の変数の数 —— 自由度の数 —— を教えてくれる．

ところで，相図は熱力学変数空間内に，相境界または相平衡領域を表示した図である．相図は物質固有の物性を反映し多様な形態を示すが，すべての相図が必ず満たすべき制約がある．その1つは180°則と呼ばれる．相図に正確に描かれた相境界からは密度の高い情報が得られる．Clapeyron 式は，相境界の傾きと，共存する2相の（広義の）密度差とを結びつける関係式であり，非常に有用なものである．

相平衡の特殊なケースに共沸と呼ばれる状態がある．本章では共沸を通常よりも広い意味で定義し，実例とともに考察する．

4.1 相 律

1成分系において，1相のみが存在するとき，独立に変えることのできる場の変数（T, p, μ など）は2つあり，2相平衡を保ちながら変えることのできる場の変数は1つのみで，3相平衡のときには1つも変化させることはできない．たとえば79ページの図4.1では，固体，液体，気体の各領域においては，圧力 p と温度 T を独立に変化させることができるが，2相平衡では，どちらか一方だけが独立変数となる．3相平衡ではいずれも変化させることはできない．3相平衡が三重点と呼ばれるゆえんである．

Gibbs の相律とは，ある相平衡を保つという一般的な条件のもとで，独立に変えることのできる場の変数の数を与える法則である．すなわち，"C 個の独立な化学成分からなる系（3.4節参照）が P 個の共存相をもつという条件のもとで，場の変数（$p, T, \mu_1, \cdots$ などの変数）のうち何個を独立に変えることができるか"を教えてくれるものである．ここで，独立に変えることができる場の変数の数 f を，系の自由度の数という．すなわち f とは，すべての場の変数の値が完全に決まるようにするために，値を指定しなければならない場の変数の数のことである．同じことを次のようにも表現できる —— C 成分，P 相共存系の"熱力学状態"が空間内の1点で表されるような，場の変数を座標軸とする空間（場の空間）の次元が，自由度の数 f である．ここでいう系の"熱力学状態"とは，P 個の相の各々の示強変数が定まった状態を意味し，各相の量（質量または体積）までを定めるものではない．

ここで，場の空間よりも一般的な概念である熱力学空間を定義しておこう．それは，熱力学量を座標軸とする空間で，その空間内の各点と系の熱力学状態とが一対一に対応する空間のことである．熱力学空間には，場の変数を座標軸にもつ場の空間，密度を座標軸にもつ密度の空間，場の変数と密度を座標軸にもつ混合空間などがある．

相律は次のようにして得られる．

相 $\alpha\,(=1, \cdots, P)$ の圧力 p^α は，この相の温度 T^α および化学成分 $1, 2, \cdots, C$ の化学ポテンシャル $\mu_1{}^\alpha, \cdots, \mu_C{}^\alpha$ の関数である．すなわち

$$p^\alpha(T^\alpha, \mu_1{}^\alpha, \cdots, \mu_C{}^\alpha)$$

つまり，各相の圧力を与える関数は $C+1$ 個の変数をもつ．したがって，もし P 個の相が互いに関係なく独立ならば，すべての相の状態を定めるために必要となる場の変数の数は $P(C+1)$ となる．ところが，実際には P 個の相は互いに平衡にあるため，次の平衡条件が成立する．

$$
\begin{aligned}
T^{(1)} &= T^{(2)} = \cdots = T^{(P)} \\
\mu_1{}^{(1)} &= \mu_1{}^{(2)} = \cdots = \mu_1{}^{(P)} \\
&\ \ \vdots \\
\mu_C{}^{(1)} &= \mu_C{}^{(2)} = \cdots = \mu_C{}^{(P)} \\
p^{(1)} &= p^{(2)} = \cdots = p^{(P)}
\end{aligned}
\tag{4.1}
$$

すなわち，$(P-1)(C+2)$ 個の拘束条件がある．したがって，独立に変化させることのできる場の変数の数は

$$f = P(C+1) - (P-1)(C+2)$$

となり

$$
\boxed{\quad f = C + 2 - P \quad}
\tag{4.2}
$$

を得る．

　Gibbs の相律 (4.2) を導く方法は，教科書ごとに違うくらいに何通りもあるのだが，ここではもう1つ，別の導き方を紹介しよう．

　C 個の独立成分からなる系に P 個の共存相があるとき，温度 T，圧力 p，および化学ポテンシャル $\mu_1, \cdots, \mu_C$ は，P 個のすべての相で等しい値をとる（相平衡の条件式 4.1）．これら $C+2$ 個の場の変数は P 個の条件に縛られている．なぜなら，Gibbs-Duhem 式 (3.26) が P 個の相の各々に対して成立するからである．したがって，独立な場の変数の数 f は $C+2-P$ となる．——実は，この導き方は Gibbs 自身によるもので，いかにも Gibbs らしいき

78 ● 第4章 相平衡

わめて簡潔なものだ[*].

　相律によると, C 成分, 1 相系は $C+1$ 個の自由度をもつ. したがって, その系のとりうる状態は $C+1$ 次元の場の空間内の点で表現できる. 同じ C 成分系の P 相共存状態の集合は, その $C+1$ 次元空間内の $C+2-P$ 次元多様体を構成する. たとえば, 2 成分 ($C=2$) からなる系であれば, 1 相状態 ($P=1$) は 3 次元空間 (たとえば T, p, μ_1 を軸とする 3 次元空間) の点で表され, 2 相共存状態 ($P=2$) の集合は, その 3 次元空間内の曲面である.

4.2　相　図

4.2.1　相図の概要

　相図とは, 任意の熱力学状態において, どのような平衡相が存在できるかを教えてくれる図である. 相図は, 場の空間, 密度の空間, あるいは場と密度の混合空間の中に描くことができる. 空間の次元は $C+1$ 次元以下であればよいのだが, 多くの場合, 2 次元面が用いられる. その場合には, $C>1$ 成分系の相図は, $C+1$ 次元の完全な相図の断面図 ($C-1$ 個の場が固定されたもの) あるいは完全な相図の 2 変数平面への投影図になる.

　図 4.1 は, 1 成分系の固体 (S), 液体 (L), 気体 (V) 状態を含む p-T 面上の相図を示す. 図中の S, L, V と表示されている部分は 1 相領域であり, 2 つの領域の境界線は固気, 固液, 気液の 2 相平衡を表す線であり, 3 本の境界線ならびに 3 つの領域は**三重点** (t) において接する.

　気液境界線は, 蒸気圧 p を温度 T の関数として与える (液体の) 蒸気圧曲線と見なすこともできる. また同時に, 液体が沸騰する温度 T を外圧 p の関数として与える沸点曲線と見なすこともできる. 固気境界線は固体の蒸気圧曲線であり, 固体の蒸気圧 p を温度 T の関数として, あるいは固体の昇華温度 T を圧力 p の関数として与える. 固液境界線は〝融点〟曲線または〝凝固点〟曲線であり, 固体の平衡融点 T を圧力 p の関数として与える.

　気液曲線には終点 (図 4.1 の点 c) があり, それを**臨界点** (気液臨界点) と

---

[*]　J. W. Gibbs, "The Scientific Papers of J. Willard Gibbs, Vol. I Thermodynamics" (Longmans, Green, 1928) p. 96.

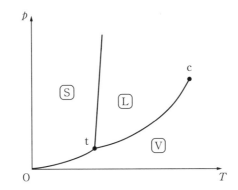

図 4.1 固体 (S), 液体 (L), 気体 (V) 状態のある 1 成分系の p-T 相図. 点 t は三重点, 点 c は気液臨界点を示す

いう. 臨界点では, 気液共存線上でそれまで区別可能であった気相と液相が区別不可能な同じものになる. すなわち臨界点では, 均一な流体相 1 つだけが存在する. しかし, 相律を用いて, 臨界点における自由度の数を

$$f = C + 2 - P = 1 + 2 - 1 = 2$$

と理解してはいけない. 逆に, 臨界点では, 気相と液相の区別がある気液共存線上と同じく $P = 2$ とし, さらに 2 相がまったく同じものになるという拘束条件が課せられると考え, 自由度の数を減じなければならない. したがって

$$f = C + 2 - P - \text{追加の拘束条件の数} = 1 + 2 - 2 - 1 = 0$$

となる. 1 成分系の臨界点は自由度のない, 一義的に定まる状態であり, $C + 1 = 2$ 次元の場の空間内の 1 点である. 2 成分系においては, 気液共存状態は $C + 1 = 3$ 次元空間内の曲面を構成し, その曲面は, 臨界点の集合である曲線で途切れる.

図 4.2 の気液曲線を液体側から気体側に, または逆方向に, どこで横切ったとしても, 流体 (液体と気体) の物性は不連続に変化する. たとえば気液曲線上の点 (T, p) で気体と液体が平衡にあるとき, 両相の密度は異なるから, この点で曲線を横切れば, 密度は不連続に変化する. しかし, 気液曲線には臨界点という終点がある. これを利用して, p-T 面上の気液曲線を横切らずに臨

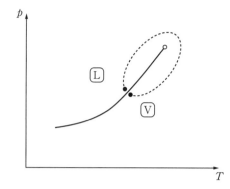

図 4.2 液体と気体状態の連続性．気液曲線の液体側の ある点から，破線のように臨界点を迂回して， 気体側のある点へと連続的に状態変化を起こす ことができる

界点を迂回する経路をとれば，気液曲線の液相側の明らかに液体である状態から，気相側の明らかに気体である状態へと，物性の不連続な変化なしに，連続的に移ることができる．これが Andrews と van der Waals が提唱した，液体と気体状態の連続性の原理である．**液体と気体には本質的な差異はない**のだ．

4.2.2 場と密度の混合空間内の相図

　場の空間に描かれた相図は，密度の空間に描かれた相図，または場と密度の混合空間に描かれた相図に比べ，一般にシンプルで理解しやすい．一方，密度（質量密度，エネルギー密度など）は実験で制御しやすい，あるいは固定しやすい変数であるため，密度を座標軸の1つに選ぶ相図も重要である．図 4.3 は，図 4.1 に示した1成分系の相および相平衡を，場（温度 T）と密度（質量密度 ρ）の混合空間に示した相図である．図 4.1 で2相平衡を表していた**線**（3本の2相共存線）は，ここでは水平な**タイライン**で埋められた**領域**（3本の2相共存領域）になる．各タイライン両端の密度の値は，その温度における共存相の密度である．

　図 4.3 に示された2相共存領域のいずれにおいても，領域内部の点 (ρ, T) は，温度 T で相分離している系の平均密度を表す．平均密度 ρ は，点 (ρ, T) が含まれるタイラインの両端の共存相 α, β の密度 ρ^α, ρ^β の間のどこかに位置

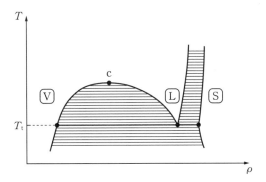

図 4.3 固相 (S), 液相 (L), 気相 (V) をもつ 1 成分系の T-ρ 相図. T_t は三重点温度, 点 c は気液臨界点である. 2 相共存領域を埋める水平線はタイラインである

する ($\rho^\alpha < \rho < \rho^\beta$). タイライン上の点の位置によって, 2 相の相対量が定まることをこれから示していく.

さて点 (ρ, T) により, タイラインは長さ $\rho - \rho^\alpha$ と $\rho^\beta - \rho$ の線分に分割される. 2 相のそれぞれの質量 M^α, M^β, 体積 V^α, V^β を用いると, 2 相の密度 ρ^α, ρ^β はそれぞれ

$$\rho^\alpha = \frac{M^\alpha}{V^\alpha}, \quad \rho^\beta = \frac{M^\beta}{V^\beta}$$

そうすると, 系の質量は $M = \rho^\alpha V^\alpha + \rho^\beta V^\beta$, 体積は $V = V^\alpha + V^\beta$ だから, 平均密度 ρ は

$$\rho = \frac{M}{V} = \frac{\rho^\alpha V^\alpha + \rho^\beta V^\beta}{V^\alpha + V^\beta}$$

これより

$$\frac{V^\alpha}{V^\beta} = \frac{\rho^\beta - \rho}{\rho - \rho^\alpha} \tag{4.3}$$

このように, 2 相の相対量 (この場合は体積比) は 2 本の線分の相対長によって表される. いま, 支点で支えられた棒の両端におもりがぶら下がり, つり合

82 ● 第4章　相平衡

っているとしよう．タイラインを "棒"，点 (ρ, T) を "支点" の位置，そして V^α, V^β を支点から距離 $\rho - \rho^\alpha$，$\rho^\beta - \rho$ だけ離れた棒の末端にぶら下がった "おもり" の質量と考えれば，式 (4.3) は，てこのつり合いの条件にほかならない．よって，この式は**てこの規則**と呼ばれる．

> Quiz　"密度" として，質量密度 ρ の代わりに，比容積（比体積）$v = 1/\rho$ を考えると，相図は図 4.3 とは違う形になる．しかし，2 相共存領域は存在する．この場合の，てこの規則を示せ．
>
> Answer　この場合は
> $$\frac{M^\alpha}{M^\beta} = \frac{v^\beta - v}{v - v^\alpha}$$
> すなわち，共存する 2 相の質量比が，2 本の線分の相対長によって与えられる．◆

熱力学変数の値を制御して，相平衡を実現する方法について考えてみよう．

まず，場の変数のみを制御し，それらが相平衡における値をとるようにするとどうなるだろうか．実は，この方法では相平衡を実現させることはできない．たとえば 1 成分系において，図 4.1 の 2 相共存線上の点 (T, p) になるように温度 T と圧力 p を制御したとしても，2 相共存状態をつくることはできない．その試みが失敗する原因は 2 つある．

1 つは，現実的な難しさである．私たちが物理量（いまの場合は T, p などの場）を実験で制御し，目的の値に調整するとき，限りなく精密にそうすることはできない．すなわち，系の状態を厳密に共存線上に設定することはできず，用意した状態点はどうしても共存線から外れた，どちらかの 1 相領域に位置せざるを得ない．したがって，共存状態は実現しない．もう 1 つは原理的問題であって，たとえ厳密に共存線上に場の変数を固定できたとしても，容器壁との接触の自由エネルギーが低いほうの相だけが現れるということだ．なぜなら，もし 2 相が存在すれば，壁との接触の自由エネルギーは，上に述べた 1 相だけが存在するときに比べて大きくなるし，さらにいえば，2 相どうしの接触による正の自由エネルギー（界面張力）が生じるからである．いずれにしても，場のみを固定する方法では，2 相共存状態を実現させることはできない．

2相共存状態を実現させるためには,場のみではなく,場と密度を固定すればよい.たとえば,図4.3のT-ρ相図内の2相共存状態は,タイラインで埋め尽くされた有限の**領域**である.したがって,温度Tと系全体の平均密度ρを,その領域内の点(ρ, T)に設定することは難しくはない(高精度で設定する必要はない).こうすれば,2相(および2相の界面)が存在する状態をつくることができる.

4.2.3 密度の空間内の相図

3相平衡を実現するためには,少なくとも2種類の密度変数の値を定める必要がある.1成分系ならば2つの密度 —— たとえばエネルギー密度uと質量密度ρ —— の値を定める必要がある.

図4.4のu-ρ面には,図4.1や図4.3と同じ1成分系の相および相平衡が示されている.2相領域は共存する2相の密度(ρ^α, u^α)と(ρ^β, u^β)を結ぶタイラインで埋められている(図4.3の共存領域と同様).タイラインは直線であるが,一般に密度軸に平行ではなく,互いに平行でもない.三重点(図4.1のp-T相図上の**点**,図4.3のT-ρ相図上の**線**)は,この場合,2次元の**領域**(図中央の三角形)になる.三角形の頂点の座標は,共存する3相α, β, γの質

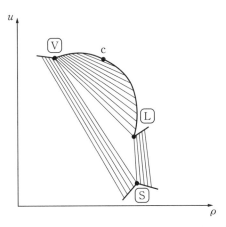

図4.4 固相(S),液相(L),気相(V)をもつ1成分系のu-ρ相図.中央の三角形は3相共存領域(三重点).気液臨界点はc

量密度 ρ とエネルギー密度 u の組,すなわち $(\rho^\alpha, u^\alpha), (\rho^\beta, u^\beta), (\rho^\gamma, u^\gamma)$ を与える.

1成分系の3相共存状態は場のみ,または場と密度を制御しても実現しないが,系全体の平均値としての質量密度 ρ とエネルギー密度 u が,図4.4の三角形内部に位置するように設定すれば実現する.固定する (ρ, u) が3相平衡を表す三角形内部にある限り —— すなわち,3相が共存する限り —— 圧力 p と温度 T は,図4.1の唯一の三重点 (T, p) と厳密に一致するように自動的に調整される.

実際,簡単な方法で三重点状態をつくることができる.図4.5のように,冷水と氷を魔法ビンに入れ,密閉する.そして,平衡になるまで待つ.この間,氷の一部が融け,あるいは水の一部が凍り,そして氷と水の一部が蒸発し,水蒸気は平衡圧（もし空気が存在していれば分圧）に達する.初期条件として,通常の量の水と氷を準備すれば,平衡に達したときには3相（氷,水,水蒸気）が同時に存在するだろう.そのときの温度と圧力は,ほぼ正確に（容器内に空気がなければ厳密に）水の三重点の値になる.

魔法ビン内部は体積一定の断熱系である.よって密閉後,どのような不可逆変化が起こってもエネルギー U は変化しない.すなわちエネルギー密度 u は固定されている.当然,物質密度 ρ も固定されている.したがって,u, ρ の

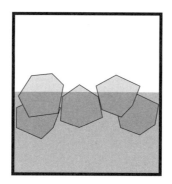

図 4.5 水の三重点.魔法ビンに冷水と氷を入れ密閉する.物質密度 ρ とエネルギー密度 u を固定したことに相当する

値が密度-密度相図（図4.4）の三重点領域内にある限り，系が平衡に達したとき，三重点が実現する．

ところで，2相平衡系に関するてこの規則（4.3）と同様の規則が，3相平衡系についても存在する．それは，密度-密度相図（図4.4）に現れる，三重点に対応する三角形内部の点 (ρ, u) の位置が，3相の相対量を定めるという規則である．すなわち

$$\frac{V^\alpha}{V^\beta} = \frac{\begin{vmatrix} \rho - \rho^\beta & \rho^\gamma - \rho \\ u - u^\beta & u^\gamma - u \end{vmatrix}}{\begin{vmatrix} \rho^\alpha - \rho & \rho^\gamma - \rho \\ u^\alpha - u & u^\gamma - u \end{vmatrix}} \quad \text{など} \tag{4.4}$$

この式の導出は巻末の付録に示した．

てこの規則（4.3）および3相共存系の類似式（4.4）が成立するためには，密度 ρ が57ページで触れたような広い意味，すなわち示量関数 X, Z の比 X/Z でなければならない．さらに，この示量関数 X, Z について，不均一系の X, Z の値が各相の X, Z の値の和であるようなものでなければならない．たとえば U, V, M はそのような示量関数だが，V^2/M は（均一系では系のサイズに比例するが）そうではない．加えて，3相平衡系におけるてこの規則（4.4）に現れる2つの密度は，互換性のあるもの $x = X/Z$，$y = Y/Z$ でなければならない．エネルギー密度 $u = U/V$ と質量密度 $\rho = M/V$ は，そのような互換性のある密度ペアである．しかし，$u = U/V$ と $1/\rho = V/M$ は互換性のないペアである．

4.2.4　相平衡・臨界点における熱力学関数

1成分系において2相が共存するとき，その合成系の等温圧縮率 χ，熱膨張係数 α，そして定圧熱容量 C_p はすべて無限大である．たとえば，図4.3の T-ρ 相図内の気液，固液，固気共存状態を表す2相領域のどの点においても，これらの熱力学量は無限大である．その理由を考えよう．

温度を一定に保ち，2相共存系の体積を減少させると何が起こるか．たとえば，図4.6(a)のピストンを押し下げる．すると，低密度相の一部が高密度相

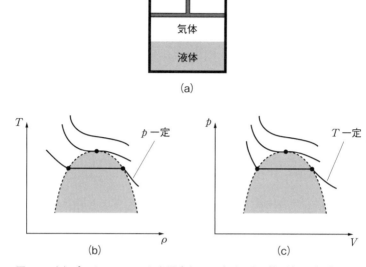

図 4.6 (a) ピストンのついた容器内部の 1 成分 2 相（気液）共存系，(b) T-ρ 面における 2 相領域と等圧線，(c) p-V 面における 2 相領域と等温線．(b)と(c)において，2 相領域は破線で囲まれた灰色部分．等圧線と等温線は 1 相領域では曲線だが，2 相領域では水平な直線である．臨界点は黒丸で示す

の一部に変化する．しかし 2 相が共存する限り，系の圧力は変わらない．相律により，1 成分系の 2 相領域では温度 T を定めれば，圧力 p が決まるからだ．すなわち

$$p = p(T)$$

図 4.6(c) の等温線の水平部分はそれを示している．したがって，等温圧縮率 χ は発散する．

$$\chi = -\frac{1}{V}\left(\frac{\partial V}{\partial p}\right)_T = \infty \quad (2 \text{相領域}) \tag{4.5}$$

同様に，圧力 p が一定のもとで体積が減少する（系の平均密度 ρ が増大する）とき，2 相が存在する限り，温度 T は変化しない．すなわち

$$T = T(p)$$

図 4.6(b)の T-ρ 面上の等圧線の水平部分がそれに当たる．したがって，熱膨張係数 α は発散する．

$$\alpha = \frac{1}{V}\left(\frac{\partial V}{\partial T}\right)_p = \infty \quad （2 \text{相領域}） \tag{4.6}$$

式 (3.34) で見たように，熱圧力係数 γ_V は，熱膨張係数 α と等温圧縮率 χ の比に等しい．

$$\gamma_V = \frac{\alpha}{\chi} \quad （式 3.34）$$

2 相領域においては，α も χ も無限大であるが，その比である γ_V は有限である．

Quiz　2 相領域において γ_V が有限であることを説明せよ．

Answer　2 相領域での

$$\gamma_V = \left(\frac{\partial p}{\partial T}\right)_V \quad （式 3.33）$$

は，2 つの相を含む系全体の体積 V を一定に保ちながら，温度 T を変化させたときの圧力 p の変化率である．このとき，2 相平衡は成立したままである．たとえば図 4.6 のピストンを固定し，系に熱を加えると，気液平衡を保ったまま温度と圧力が変化する．

　2 相平衡の圧力 p は温度 T のみの関数 $p(T)$ であり，これは図 4.1 の p-T 面における平衡曲線である．したがって

$$\gamma_V = \left(\frac{\partial p}{\partial T}\right)_V = \frac{dp(T)}{dT}$$

は，平衡曲線 $p(T)$ の傾きに等しい．平衡曲線の傾きは一般に有限の値をもつため，γ_V は有限である．ただし系によっては，2 相平衡で

$$\frac{dp(T)}{dT} = \infty \quad \text{または} \quad \frac{dp(T)}{dT} = 0$$

となる，共沸と呼ばれる条件が実現することもある（4.4 節参照）．◆

88 ● 第4章 相 平 衡

　圧力が一定に保たれた2相共存系に少量の熱 q を加えると，それに相当する少量の物質の相の変化（**相転移**）が起こる．たとえば，図4.3の3つの2相領域（固気，固液，気液共存領域）ではS→V，S→L，L→Vの相転移が起こる．一般に，圧力が一定の条件のもとで系が吸収する熱 q は系のエンタルピー変化 ΔH に等しく，とくに，2相平衡系に吸収される熱 $q = \Delta H$ は，相転移に伴うエンタルピー変化である．これは**潜熱**とも呼ばれる．

　一方，熱 q が加えられても2相平衡系の温度は変化しない．たとえば，図4.3の2相領域内の点 (ρ, T) は，水平なタイライン上をS→V，S→L，またはL→Vの方向に移動し，系の平均密度 ρ は変化するが，温度 T は変化しない．したがって，定圧熱容量 C_p は無限大になる．

$$C_p = \frac{dq}{dT} \quad （p \text{は一定}）$$
$$= \left(\frac{\partial H}{\partial T}\right)_p = \infty \quad （2\text{相領域}） \tag{4.7}$$

一方，定積熱容量 C_V は，2相領域においても**有限**の値をとる．

$$C_V = \frac{dq}{dT} \quad （V \text{は一定}）$$
$$= \left(\frac{\partial U}{\partial T}\right)_V = \text{有限値} \quad （2\text{相領域}） \tag{4.8}$$

定積条件（ρ は一定）で2相平衡系に熱 q を加えると，定圧条件の場合と同様に q に応じた相の変化が起こるのだが，この変化は温度上昇を伴う．したがって $C_V = dq/dT$ は発散しない．

　再び，図4.3を例に説明しよう．いま，ρ を固定して系に熱 q を加えると，2相領域内の状態点 (ρ, T) が垂直上向き方向に移動する．ρ は同じだが，より高温のタイライン上の点に移動するのである．すなわち，温度 T は上昇する（もし，ρ が一定で T も一定なら，p も一定となり，系の状態は各相の質量を含めて何も変化しないことになる．しかし，系は熱 q を受けとり，何らかの相の変化が起こるのだから，それはありえない）．

　一方，三重点では C_V は必然的に無限大になる．

$$C_V = \left(\frac{\partial U}{\partial T}\right)_V = \infty \quad (三重点) \tag{4.9}$$

これは，図 4.4 の u-ρ 面上の相図から理解できる（本章末の問題 1 で，あらためて考える）．

2 相平衡の終点，すなわち 2 つの相が区別できない同じものになる臨界点では，定圧熱容量 C_p，等温圧縮率 χ，熱膨張係数 α は，2 相領域で無限大であったように，無限大になる．一方，熱圧力係数 γ_V は 2 相領域で有限であったように，臨界点でも有限のままである．

$$\chi = \infty, \ \alpha = \infty, \ \gamma_V = \frac{\alpha}{\chi} = 有限値 \quad (臨界点) \tag{4.10}$$

興味深いことに，C_V は 2 相領域で有限であるにもかかわらず，臨界点においては発散する．

$$C_V = \infty \quad (臨界点) \tag{4.11}$$

熱力学的には，臨界点に近づいたとき C_V が発散する必然性はない．しかし，

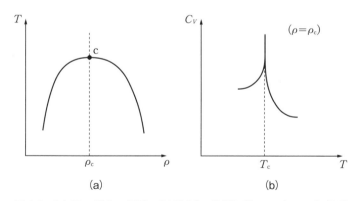

図 4.7 (a) T-ρ 面上の相図．(b)は(a)の破線に沿って（$\rho = \rho_c$）温度 T を変化させたときの C_V の変化．C_V は 2 相領域（および 1 相領域）において有限であるが，臨界点では無限大に発散する．しかし，この発散に，純粋な熱力学的必然性はない．C_V 曲線の形はギリシャ文字 λ（ラムダ）に似ているため，発散する点はラムダ点と呼ばれる

実験および統計力学理論から C_V の発散が確められている.臨界点に近づくときに C_V は非常にゆるやかに無限大に発散するため,臨界点からある程度離れた状態では,図 4.7(b) に示すように,C_V は大きな値をとらない.

4.2.5 不可能な相図 ― 180°則 ―

図 4.1 または図 4.8(a) が示すように,p-T 面上の 3 本の 2 相平衡曲線が三重点において交わるとき,どの 2 つの線がなす角度も 180° より小さい.言い換えると,いかなる安定相も,三重点で 180° 以上の角度をもつことは許されない.許されない相図に関するこの規則は **180°則** と呼ばれる.図 4.8(b) の相図は,三重点で γ 相が占める角度が 180° より大きく,ありえないものである.これを示すために,図 4.8(b) のような相図が存在すると仮定しよう.

$\alpha\gamma$ 平衡曲線は,三重点から先の延長線も含めて

$$\mu^\alpha(T,p) = \mu^\gamma(T,p)$$

により定義される.図 4.8(b) の相図で $\mu^\alpha = \mu^\gamma$ である $\alpha\gamma$ 線を延長すると γ 領域に入る.しかし,この領域は γ 相が安定であるのだから,この領域のどの点 (T,p) においても $\mu^\gamma < \mu^\alpha$ でなければならない.したがって,γ 相の占める角度が 180° よりも大きくなり得るという仮定は認められない.

一方,図 4.8(a) においては,三重点を越えて,$\alpha\gamma$ 線を延長すると β 相の安

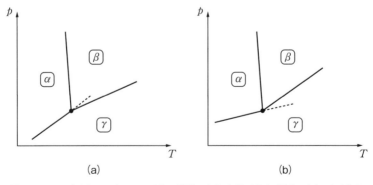

図 4.8 p-T 相図における 180°則の説明.(a) 実現可能な相図.(b) 不可能な相図

定領域に入る．このβ領域内では，α相とγ相は不安定相あるいは準安定相であるが，それらが依然として平衡にあっても，つまり$\mu^\alpha = \mu^\gamma$が成立し続けていてもかまわない．ただし，α相とγ相は，β相に対しては不安定であり，最終的には不可逆的にβ相に変化する．

180°則は，一対の場の変数を使って描かれた相図における三重点について成り立つ．すなわちp-T面に限らず，たとえばμ-T面，μ-p面，あるいは$1/T$-p/T面，$1/T$-μ/T面についても同様に成立する．また，多成分系の場の変数を使って描かれた相図についても，2つの場以外を固定した2次元空間の相図に現れる三重点について，同様に成立する．

ここでは，2相平衡曲線の準安定状態への延長という考え方から，この180°則を〝証明〟した．準安定状態に頼らない，より厳密な証明もある[*]．その証明では，2.5節で扱った$S(U, V, M_1, M_2, \cdots)$の凹性，あるいはそれから派生する場の変数に対する熱力学ポテンシャルの凹性から180°則が導かれる．したがって本質的には，180°則に反する相図は，熱力学第二法則に反するということになる．

図4.1の2相境界線を横切るときに起こる相転移は**1次相転移**と呼ばれる．適切な拘束条件（場および密度を固定するなどの条件）のもとで実現する2相共存状態は，1次相転移と一対一の関係にある（図4.3および4.4）．

図4.9は^{4}Heのp-T相図（模式図）である．領域L_{II}とL_Iはそれぞれ超流動状態および常流動状態の異なる2種類の液体相である．めずらしいことに，固体(S)-液体(L)-気体(V)の三重点は存在しない．固液境界線と気液境界線は1次相転移の軌跡であり，これらの曲線上で2相は共存できる．一方，領域L_IとL_{II}の境界線は1次相転移の軌跡ではなく，L_I-L_{II}転移は**2次相転移**（または高次相転移）と呼ばれる．1次相転移ではないので，密度を固定しても，L_IとL_{II}が異なる相として共存することはない．したがって，L_I-L_{II}-VおよびL_I-L_{II}-Sの交点は，三重点ではない．

一般に1次相転移は密度（u, ρなど）の不連続性を伴うが，2次相転移においては密度は連続である．たとえば，領域L_IとL_{II}の境界では，2つの液体

---

[*]　J. C. Wheeler, J. Chem. Phys. **61**, 4490 (1974).

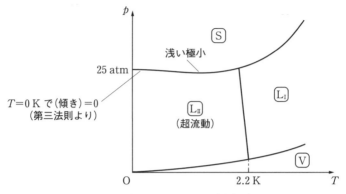

図 4.9 ^{4}He の p-T 相図（模式図）

は同じエントロピー，エネルギー，および質量密度をもつ．L_I-L_{II}-V および L_I-L_{II}-S の交点における気液および固液境界線の傾きは連続である．すなわち，L_I-V 線と L_{II}-V 線のなす角，および L_I-S 線と L_{II}-S 線のなす角は 180° であり，したがって，これは 180° 則の極限に当たる．L_I-L_{II} 転移においては，密度の不連続性の代わりに，C_p, α, χ に特異性が現れる．それは気液臨界点における C_V の特異性と同種のものだ．このような 2 次相転移を起こす点は**ラムダ点**と呼ばれる（図 4.7 参照）．L_I-L_{II} 境界線はラムダ点の軌跡（ラムダ線）である．

4.2.6　不可能な相図 — Schreinemakers 則 —

　2 次元密度の空間の相図にも 180° 則に対応する規則があり，これは **Schreinemakers 則**と呼ばれる．図 4.4 は，エネルギー密度 u と質量密度 ρ の密度の空間の相図だった．2 相共存領域はタイラインで埋められた 3 領域で，三重点はその 3 領域に囲まれた中央の三角形の領域である．それ以外の部分は 1 相領域である．

　密度-密度相図（適切に選んだ一対の密度の 2 次元空間の相図）における三角形の頂点部分を表した図を図 4.10 に示す．ここでは共存する 3 相を α, β, γ とし，α 相の 1 相領域と，3 相領域（三重点）との境界（三角形の頂点）に注目する．

　図 4.10(b) の α は 1 相領域，$\alpha + \beta + \gamma$ は三重点領域を表す．$\alpha + \beta$，$\beta +$

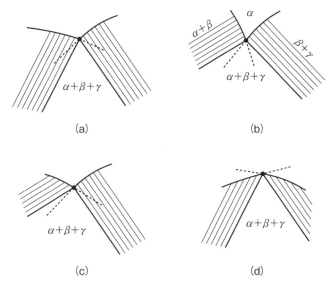

図 4.10 Schreinemakers 則

γ と記されたタイラインで埋められた領域は 2 相共存領域である．三角形の頂点で，1 相領域と 2 相領域との境界線 2 本が交わる．2 本の境界線の接線を 1 相領域から延長したもの（図の破線）は，**両方が 2 相領域**に入るかあるいは**両方が 3 相領域**に入るかのいずれかでなければならない．これが Schreinemakers 則である．

図 4.10 の (a), (b) は可能な形であり，(c), (d) は不可能なものである．(d) のように 1 相領域が 180° 以上の角度を占める場合，必然的に Schreinemakers 則に反する．しかし，"規則違反"の事例はこれだけではない．

密度-密度平面上における三重点での相境界線に関するこの規則の証明は，一般の本には見られない．脚注の文献を参照してほしい＊．

4.3 Clapeyron 式

2 次元の場の空間内では，2 相平衡は曲線で表される（たとえば，図 4.1 の

＊ J. C. Wheeler, J. Chem. Phys. **61**, 4490 (1974).

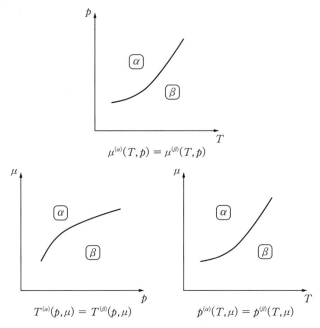

図 4.11 1 成分系の 2 相平衡曲線の例

p-T 面上の蒸気圧曲線や融解曲線).図 4.11 は,3 種類の 2 次元の場の空間,すなわち p-T 面,μ-p 面,μ-T 面における 1 成分系の 2 相平衡曲線を示したもので,図の下の等式は,この曲線の方程式である.これら平衡曲線の傾きを与える関係式が **Clapeyron 式** である.

Gibbs-Duhem 式 (3.26) は,状態の無限小変化に応じた場 $p, T, \mu_1, \mu_2, \cdots$ の無限小変化どうしを関連づける式である.2 相平衡にある系において,相平衡を維持したまま無限小変化が起こるとき,2 相の圧力 p の無限小変化は等しくなければならない.なぜなら,両相の p は常に(無限小変化の前も後も)等しい値をもたなければならないからだ.2 相を α, β とすれば

$$dp^\alpha = dp^\beta$$

が成立しなければならない.他の場 $T, \mu_1, \cdots$ についても同様の式が成立する.これと式 (3.26) から,$dT, d\mu_1, \cdots$ を関係づける式

$$0 = (s^\alpha - s^\beta)dT + (\rho_1{}^\alpha - \rho_1{}^\beta)d\mu_1 + \cdots \tag{4.12}$$

が得られる. 1 成分系ならば, 式 (4.12) は, $\mu\text{-}T$ 面における 2 相平衡曲線の傾きを, 2 相間のエントロピー密度差と質量密度差によって与える. すなわち

$$\frac{d\mu}{dT} = -\frac{s^\alpha - s^\beta}{\rho^\alpha - \rho^\beta} \tag{4.13}$$

Gibbs–Duhem 式 (3.26) は

$$dT = \frac{1}{s}dp - \frac{\rho_1}{s}d\mu_1 - \frac{\rho_2}{s}d\mu_2 - \cdots$$
$$d\mu_1 = \frac{1}{\rho_1}dp - \frac{s}{\rho_1}dT - \frac{\rho_2}{\rho_1}d\mu_2 - \cdots \tag{4.14}$$

などと書くこともできるため, C 成分系では, 式 (4.12) と類似の式が $C +$ 2 個成立する. また $p/T, 1/T, \mu_1/T, \mu_2/T, \cdots$ を場の変数とする Gibbs–Duhem 式 (3.28) からは, 別の $C + 2$ 個の式が得られる. 1 成分系の場合, これらの式は式 (4.13) のように, 2 次元の場の空間における 2 相平衡曲線の傾きを, 密度差の比として与える式になる. なお, ここでいう〝密度〟は, 広い意味での〝密度〟である (57 ページ参照).

たとえば, 比エントロピー σ と比体積 v を

$$\sigma = \frac{s}{\rho} = \frac{S}{M}$$

と

$$v = \frac{1}{\rho} = \frac{V}{M}$$

とすると, 1 成分系の Gibbs–Duhem 式は

$$d\mu = -\sigma\,dT + v\,dp$$

96 ● 第4章 相平衡

と表すこともできる. これと条件

$$\mu^\alpha(T, p) = \mu^\beta(T, p) \qquad (p\text{-}T\,曲線の方程式)$$

より, 次式が得られる.

$$\frac{dp}{dT} = \frac{\sigma^\alpha - \sigma^\beta}{v^\alpha - v^\beta} = \frac{\Delta S}{\Delta V} \tag{4.15}$$

ここで ΔS と ΔV は, $\alpha\beta$ 平衡曲線上の, その点における相転移 $\beta \longrightarrow \alpha$ に伴うエントロピー変化と体積変化である. p と T が一定の可逆変化においては $\Delta G = \Delta H - T\,\Delta S = 0$ であるから, 2 相の比エントロピーの差 $\sigma^\alpha - \sigma^\beta$ は $(h^\alpha - h^\beta)/T$ に等しい (ここで, $h = H/M$ は比エンタルピーである). したがって, 式 (4.15) は次のように表すこともできる.

$$\frac{dp}{dT} = \frac{h^\alpha - h^\beta}{T(v^\alpha - v^\beta)} = \frac{\Delta H}{T\,\Delta V} \tag{4.16}$$

式 (4.12) などの多成分系に対する関係式, または 1 成分系に対する式 (4.13), (4.15) および (4.16) は, まとめて **Clapeyron 式**と呼ばれる.

Clapeyron 式 (4.16) と理想気体の法則を組み合わせると, 図 4.1 の気液および固気平衡曲線についての重要な近似式が得られる.

固気平衡曲線および**臨界点近傍を除く気液平衡曲線**については, 蒸発時の体積変化 ΔV を

$$\Delta V = V_気 - V_{液または固} \simeq V_気$$

と近似できる. さらに, いま想定している気体は十分希薄であり, 理想気体と見なすことができるため, 気体の体積 $V_気$ は

$$V_気 = \frac{nRT}{p}$$

4.3 Clapeyron 式 ● 97

としてよい（理想気体の法則）．ここで n はモル数であり，R は気体定数と呼ばれる普遍定数

$$R = 8.31446 \, \text{J/(K mol)}$$

である．1 mol 当りの蒸発熱 ΔH_m を用いると

$$\Delta H = n \, \Delta H_\text{m}$$

だから，以上より

$$\frac{dp}{dT} \simeq \frac{n \, \Delta H_\text{m}}{nRT^2/p} = \frac{p}{RT^2} \, \Delta H_\text{m}$$

これを書き換えて

$$\frac{d \ln p}{dT} = \frac{\Delta H_\text{m}}{RT^2} \quad \text{あるいは} \quad \frac{d \ln p}{d(1/T)} = -\frac{\Delta H_\text{m}}{R} = -\frac{m \Lambda}{R} \qquad (4.17)$$

が得られる．最後の式の Λ は単位質量当りの蒸発熱であり，m は**気体の**モル質量である．式（4.17）は **Clausius-Clapeyron 式**と呼ばれる．

ところで，上のモル質量 m はあくまで**気体の**ものであり，液体や固体のものではないということに留意してほしい．というのは，凝縮相 —— とくに水のような会合性の強い分子からなる液体 —— のモル質量あるいは分子量というものは，往々にして定義できないか恣意的に決めるしかなく，したがって意味のない概念だからだ．一方，希薄気体の場合には分子間距離が大きいため，モル質量の定義に任意性は生じない．

さて，ある温度 T_0 から T までの間で，ΔH_m（または Λ）が一定と見なせるならば，温度 T_0 のときの圧力を p_0 として，式（4.17）を積分し

$$\begin{aligned}
\ln \frac{p}{p_0} &= -\frac{\Delta H_\text{m}}{R} \Big(\frac{1}{T} - \frac{1}{T_0} \Big) \\
p &= p_0 \exp \Big\{ -\frac{\Delta H_\text{m}}{R} \Big(\frac{1}{T} - \frac{1}{T_0} \Big) \Big\}
\end{aligned} \qquad (4.18)$$

が得られる．これは気液平衡曲線 $p(T)$ の近似式である．図 4.12 のように

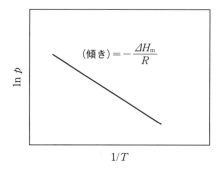

図 4.12 蒸気圧の温度依存性. Clausius–Clapeyron 式

$\ln p$ を $1/T$ に対してプロットすると，この直線の傾きから ΔH_m を決定することができる．このような蒸気圧の温度依存性から ΔH_m が，熱量測定から Λ がわかるため，気体のモル質量を

$$m = \frac{\Delta H_\mathrm{m}}{\Lambda}$$

によって決定することができる．

　液体または固体が蒸発するときには，必ず熱が吸収される（系が熱を吸収する）．すなわち，その変化を $\beta \longrightarrow \alpha$ とすれば，$h^\alpha - h^\beta$ と $\sigma^\alpha - \sigma^\beta$ は正になる．また，蒸発すると体積は必ず増大するため，$v^\alpha - v^\beta$ も正である．よって式 (4.15) または (4.16) から，図 4.13 の気液および固気平衡曲線の傾き dp/dT は必ず正になる．

$$\frac{dp}{dT} > 0 \quad \text{（気液および固気平衡曲線）}$$

　では，固液平衡曲線の傾きはどうだろうか．多くの場合，固体は液体よりも高密度であり，融解における体積変化 $v^\text{液} - v^\text{固}$ は正である．加えて通常，固体のほうが低エントロピー・低エンタルピー相である．よって比エントロピー差は

$$\sigma^\text{液} - \sigma^\text{固} > 0$$

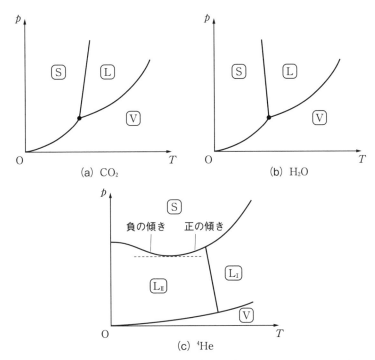

図 4.13 いくつかの物質の p-T 相図（模式図）．S, L, V はそれぞれ固相，液相，気相を表す

したがって多くの場合，固液境界線（融解曲線）の傾き dp/dT は，図 4.13(a) のように正となる．しかし常にそうとは限らず，液体が高密度相である物質や条件も存在する．最も有名な例は，氷（氷 Ih．140 ページ参照）と水との相平衡であり，固液境界線の傾き dp/dT は図 4.13(b) のように負である．

もう 1 つの注目すべきケースは極低温ヘリウムだ．図 4.13(c) に示すように，その固液境界線（L_{II}-S 線）は，圧力が極小となる温度 0.8 K 以下では負の傾き（$dp/dT < 0$）をもつ．$dp/dT < 0$ となる理由は，固体の比エントロピーと比エンタルピーが，液体のそれらよりも大きいことによる．普通，固体は熱を吸収して融けるものだが，ヘリウムの固液境界線が $dp/dT < 0$ となる条件では，液体を熱すると固体になる．これはきわめて例外的な事例といえる．

p-T 相図上で 2 相共存線を横切るとき，温度が上昇する方向にある相は，他方より大きなエントロピーと大きなエンタルピーをもつ相であり，また，高

100 ● 第 4 章 相 平 衡

圧側にある相は高密度相である．このことに例外はない．それは次のように示すことができる．

安定条件より，定圧熱容量 C_p は

$$C_p = \left(\frac{\partial H}{\partial T}\right)_p = \left(\frac{\partial S}{\partial \ln T}\right)_p > 0$$

つまり，温度 T が上昇するとエンタルピー H もエントロピー S も増大する．2 相共存状態では C_p は無限大になる（式 4.7）が，その符号は正である．すなわち

$$C_p = +\infty$$

等温圧縮率 χ は，安定条件により正である．式（3.19）は

$$\chi = \left(\frac{\partial \ln \rho}{\partial p}\right)_T$$

と表すことができるから，圧力 p が上昇すると密度 ρ は増大する．2 相共存状態で χ は無限大になる（式 4.5）が，これも符号は正で

$$\chi = +\infty$$

である．以上より，上に述べた規則が成立する．

この結論は Clapeyron 式（4.15）および（4.16）

$$\frac{dp}{dT} = \frac{\Delta S}{\Delta V} = \frac{\Delta H}{T \Delta V}$$

とも合致している．図 4.14(a)のように，p-T 相図における 2 相共存線の傾きが正のときには，高温側の相 β は低圧側の相でもあり，相転移 $\alpha \longrightarrow \beta$ では

$$\Delta S > 0 \quad かつ \quad \Delta V > 0 \,(\Delta \rho < 0)$$

となる．一方，(b)のように傾きが負であれば，高温側の相 β は高圧側の相でもあり，したがって

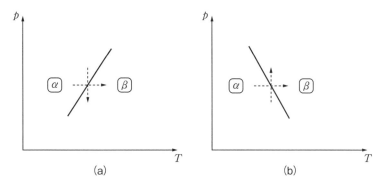

図 4.14 p-T 相図上の2相共存線．2相共存線を高温側に向かって横切ると，必ずエントロピーとエンタルピーは増大する．高圧側に向かって横切ると，必ず密度が増大する

$$\Delta S > 0 \quad \text{かつ} \quad \Delta V < 0\ (\Delta \rho > 0)$$

となる．

4.4 共　沸

　一般に，エントロピー密度，エネルギー密度，質量密度，比エントロピー，比体積のような*広義の密度変数はすべて，共存相ごとに異なる値をとる（それが密度と場の違いであった）．しかし例外的に，平衡にある複数の相における密度が，等しい値をとる状況がある．その状態は**共沸**と呼ばれる．一例として，相平衡にあるグラファイトと液体炭素の密度が等しくなる状態を取り上げよう．

　図 4.15 は炭素の相図（模式図）であり，グラファイト（gr），ダイヤモンド（dia），および液体（liq）の領域と相境界が示されている．グラファイト相と液相の平衡曲線に注目すると，傾き dp/dT が正の部分と負の部分がある．液体はいずれの固体よりも大きなエントロピーとエンタルピーをもつという事実と，1成分系の Clapeyron 式により（または，2相共存線を横切るとき，高圧側にある相が高密度相であるという原理により），$dp/dT > 0$ の平衡曲線上

---

*　いずれも〝比〟とは〝単位質量当り〟を意味している．

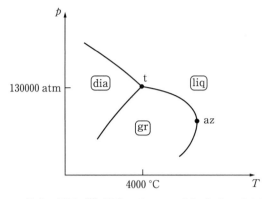

図4.15 炭素の相図（模式図）．グラファイト（gr），ダイヤモンド（dia），および液体（liq）の領域を示す．それらの三重点は t，共沸点は az で示されている点

のどの点においてもグラファイトが高密度相であり，$dp/dT < 0$ の平衡曲線上では液体が高密度相であると結論できる．そして，$dp/dT = \pm\infty$ ($dT/dp = 0$) の点で，2相の密度は等しい．

$$v^{\mathrm{gr}} = v^{\mathrm{liq}}$$

すなわち，これは共沸である．$\Delta v = 0$ より，図中に az と記した点は温度の極値点（$dT = 0$．ここでは極大）である．もしも圧力の極値点（$dp = 0$）であったならば，共存相が等しいエントロピー密度とエンタルピー密度をもっていたことになる．すなわち

$$\Delta h = T \Delta \sigma = 0$$

一般則として，2次元の場の空間の2相共存線で1つの場が極値をとることは，その点におけるもう1つの場と共役関係にある密度が，共存相で等しい値をとることを意味する．同じことだが，ある密度が共存相で等しい値をとったときには，もう1つの密度に共役な場が極値をとる．

相平衡にある系に，共沸条件（たとえば $\rho^\alpha = \rho^\beta$）が課されると，系の自由度の数 f は1つ減る．したがって1成分系（$C = 1$）の共沸は，熱力学平面（たとえば，図4.15に示した p-T 面など）における2相平衡曲線上の点とな

4.4 共　沸 ● 103

る（自由度の数 $f = 0$）．$C > 1$ の混合物の場合，共沸は孤立した点ではなく，$C - 1$ 次元多様体上で生じる．共沸を示す系はアゼオトロープ（azeotrope）と呼ばれる*．アゼオトロープが多成分系（混合物）に多い理由は，共沸が孤立した点ではなく，$C - 1$ 次元空間で実現するからである．

　3つ以上の共存相で密度が等しい値をとる状態，あるいは2相平衡において2種類以上の密度について $\rho_i{}^\alpha = \rho_i{}^\beta$ が成立する状態のことを高次の共沸という．このような共沸は通常の共沸よりも低次元の多様体上で実現するため，観測することが難しく，ごくまれにしか起こらない．

　共沸の制約条件の数を n とすると，共沸が実現する多様体の次元 f は $f = C - n$ となる．たとえば，2成分系で成分 1, 2 の密度 ρ_1, ρ_2 がともに2相 α, β で等しくなる高次の共沸（$\rho_1{}^\alpha = \rho_1{}^\beta$, $\rho_2{}^\alpha = \rho_2{}^\beta$）の場合，$f = 2 - 2 = 0$ となり，孤立点になる．

　エタノールと水の混合物が共沸を示すことはよく知られている．一般的な相図と，共沸を含む相図とを対比してみよう．

　2成分系，3次元熱力学空間（たとえば，3つの場 T, μ_1, p を座標軸とする空間）の圧力一定の断面を見ると，共存曲面は曲線となり，それは1成分系の共存曲線と同様になる（多成分系の場合には，2つの場以外のすべての場を固定すると，その系は1成分系と等価になる）．典型的な2成分系の場合，(T, μ_1, p) 空間の圧力一定の断面図（T-μ_1 相図）は図 4.16 のようになる．

　一方，エタノール-水混合物のようなアゼオトロープでは，T-μ_1 相図は図 4.17(a) のようになる．2相平衡曲線 $T(\mu_1)$ は極値点（この場合は極小点）をもつ．相図の座標軸として2つの場 T, μ_1 の代わりに，T（これは場）と化学組成変数 x（これは密度）を選ぶと，平衡曲線は図 4.17(b) のように2次元領域になる．

　一般に，2成分系において共存相 α, β が同じ化学組成をもつような共沸点は，温度の極値点となる．これは次のように理解できる．

　圧力が一定の条件のもとにある2成分系の無限小変化に対して，Gibbs-Duhem 式（3.26）

---

*　azeotrope は共沸 〝混合物〟と訳されることが多いが，本書で定義した**広義**の共沸を示す系は，混合物である必要はない．

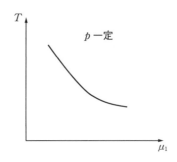

図 4.16　一般的な T-μ_1 相図（模式図）

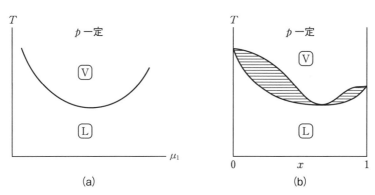

図 4.17　(a) アゼオトロープ（エタノール-水混合物）の T-μ_1 相図と (b) T-x 相図．いずれも模式図

$$s\,dT + \rho_1 d\mu_1 + \rho_2 d\mu_2 = 0$$

が成立する．よって，T-μ_1 面における共存線の Clapeyron 式は

$$\frac{dT}{d\mu_1} = \frac{-\rho_1{}^\alpha \rho_2{}^\beta + \rho_2{}^\alpha \rho_1{}^\beta}{\rho_2{}^\beta s^\alpha - \rho_2{}^\alpha s^\beta} \tag{4.19}$$

と表される．2相の化学組成が一致する共沸点では

$$\frac{\rho_2{}^\alpha}{\rho_1{}^\alpha} = \frac{\rho_2{}^\beta}{\rho_1{}^\beta}$$

が成立し，式 (4.19) の右辺の分子が 0 となるから

$$\frac{dT}{d\mu_1} = 0$$

すなわち，図4.17(a)のように温度の極値点となる．

図4.9に示した ^{4}He のラムダ転移（L_I-L_{II} 境界線上）において s と ρ は連続であるが，この連続性は共沸ではない．なぜなら，ラムダ線は2相共存線ではないからだ．一方，L_{II}-S 線の浅い極小は共沸であり，このとき2相のエントロピー密度 s が等しい．

一般に，**1成分系**において**同時に**

$$\rho^\alpha = \rho^\beta \quad \text{と} \quad s^\alpha = s^\beta \quad (\text{または } u^\alpha = u^\beta)$$

という等式が成立するとき，それは2次相転移を意味する．液体 ^{4}He のラムダ線はその一例である．

問 題

1 1成分系における3相平衡では C_V は無限大となる．なぜか．

2 第2章の問題4では，相互作用しない点粒子からなる気体について，$U, V, N_1, N_2, \cdots$ の関数として与えられたエントロピー S から，H, p などを求めた．

  (a) 先の結果を書き換え，S, H および V を，変数 $T, p, N_1, N_2, \cdots$ の関数として表せ．

  (b) 上の(a)の結果を用いて，分子数 $N_1, N_2, \cdots$ の分子種1の気体，分子種2の気体，$\cdots$ が個別に存在し，共通の p と T をもつ状態を始状態とし，それらが混ざり合い，同じ p と T をもつ混合気体になる過程の $\Delta S, \Delta G, \Delta H$ および ΔV を求めよ．（これらは理想混合気体の混合エントロピー，混合 Gibbs 自由エネルギーなどと呼ばれる量である．）

  (c) 分子種 i，分子数 N_i からなる気体が，最初の体積から(b)の混合気体の占める体積まで，一定温度 T で膨張したとする．このときのエントロピー変化 ΔS_i はどうなるか．さらに $\sum_i \Delta S_i$ を(b)で計算した混合エントロピーと比較し，結果についてコメントせよ．

3 第2章の問題3を参照し，18 g の過冷却水が $-10\,^\circ$C，1 atm で凍るときの系（水）の ΔH と ΔG を求めよ．さらに，$\Delta S = \Delta H/T$ は成立するか．ΔG の符号

は正負いずれか．この質問に対する解答についてコメントせよ．

4 以下の問いに答えよ．

(a) NH_3 と HCl の任意の組成の混合気体が高温で化学反応を起こし，固体 NH_4Cl を生成して固体と残留気体が平衡にあるとき，独立な化学成分の数はいくつか．

(b) 固体 NH_4Cl を高温に熱し，この一部が分解して NH_3 と HCl の混合気体となり，残った固体と平衡にあるとき，独立な化学成分はいくつあるか．

(c) 上の(a)と(b)のそれぞれについて，自由度はいくつあるか．

5 100 °C において，水の蒸気圧は 27.12 mmHg/°C の変化率で温度とともに増大する．平衡蒸気の比体積は 1674 cm³/g である．この温度における蒸発熱を

(a) 厳密に計算せよ．

(b) 蒸気の比体積が与えられていないとして，何らかの近似を用いて求めよ．

さらに上の(a)と(b)の2つの結果の間の比較および熱測定値 2254 J/g との比較を行い，それぞれについてコメントせよ．

希薄系

　本章では，これまで学んだ熱力学の原理を希薄系 —— 希薄気体と希薄溶液 —— に応用し，希薄系に特有な物性について考える．

　最初に，状態方程式とは各系に固有の，熱力学関数間の関係式であり，熱力学の原理から導かれる恒等式とは異なるということを指摘したうえで，理想気体の状態方程式を用いて，化学平衡に関する質量作用の法則を導く．

　次に，実在気体と理想気体との差異を表すビリアル係数を導入し，ビリアル係数の温度依存性と実在気体の物性との関係を示す．

　続いて，溶媒中の溶質濃度が非常に低い溶液 —— 希薄溶液を扱う．Henry の法則から出発し，Raoult の法則，溶液中の化学平衡に関する質量作用の法則へと進む．

　最後に，希薄溶液の束一的性質（蒸気圧降下，沸点上昇，凝固点降下，そして浸透圧）に関する法則を導く．

5.1 状態方程式

　状態方程式は，これまで見てきたさまざまな熱力学恒等式とは異なる．**状態方程式**は，複数の熱力学関数の間に成立する，**各系に固有の関係式**のことである．

　熱力学恒等式は熱力学の法則から導かれるが，水素，水，エタノール水溶液などの個別具体的な系の状態方程式は得られない．ある系の状態方程式を知る

108 ● 第5章 希薄系

ためには，実験（または計算機実験）を行うか，統計力学に基づいて計算する
必要がある．

　何らかの方法で状態方程式が得られており，それが熱力学ポテンシャルの形
式 —— たとえば $S = S(U, V, M_1, M_2, \cdots)$ あるいは $p = p(T, \mu_1, \mu_2, \cdots)$ ——
で表現されている場合，状態方程式から系のすべての熱力学特性が導かれる．

　理想気体の圧力 p は，次のような $T, \mu_1, \mu_2, \cdots$ の関数である．

$$p = RT \sum_i c_i^\circ(T) \mathrm{e}^{m_i \mu_i / RT} \tag{5.1}$$

和はすべての分子種 i にわたってとる．m_i は成分 i のモル質量，$c_i^\circ(T)$ は温
度 T のみに依存する分子種 i に固有の関数であって，モル濃度（単位体積当
りのモル数）の次元をもつ．

　この式（5.1）は見慣れない形かもしれないが，理想混合気体の状態方程式
を，熱力学ポテンシャル $p = p(T, \mu_1, \mu_2, \cdots)$ の形式で表したものである．式
（5.1）を微分することによって，理想混合気体のすべての熱力学量（のうちの
示強量）が得られる．

　統計力学を用いると，相互作用しない分子から構成される系の
$p(T, \mu_1, \mu_2, \cdots)$ として式（5.1）が導かれ，$c_i^\circ(T)$ の具体的な形も得られる[*]．

　式（5.1）と，式（3.27）の第2式

$$\rho_i = \left(\frac{\partial p}{\partial \mu_i} \right)_{T, \mathrm{all}\, \mu_{j(\neq i)}}$$

より，成分 i の密度 ρ_i は

$$\rho_i = c_i^\circ(T) m_i \mathrm{e}^{m_i \mu_i / RT} \tag{5.2}$$

モル濃度 $c_i = \rho_i / m_i$ は

$$c_i = c_i^\circ(T) \mathrm{e}^{m_i \mu_i / RT} \tag{5.3}$$

─────────
[*]　統計力学による混合理想気体のグランドカノニカル分配関数 Ξ，グランドカノニカル自
由エネルギー Ω と Ξ との関係式 $\Omega = -kT \ln \Xi$，および熱力学恒等式（3.12）$\Omega = -pV$
から導かれる．

と与えられる. 式 (5.1) に (5.3) を代入すると, 次が得られる.

$$p = RT \sum_i c_i = \frac{nRT}{V} \tag{5.4}$$

ここで, $n = n_1 + n_2 + \cdots$ は気体の全モル数である. 式 (5.4) は, いわゆる "理想気体の状態方程式" または "理想気体の法則" である.

　式 (5.4) が示す圧力 p は, 束一的性質 (5.5 節) の一例といえる. この式は, p が気体の化学組成に関係なく, 全モル濃度 n/V に比例すると述べており, それは, 所定の体積 V と温度 T の系の中の各分子は, その種類によらず, 圧力 p に対して平均的に等しく寄与する, ということを意味する. 5.5 節で見るように, 希薄溶液についても類似の束一的性質が成立する.

　式 (5.3) を書き換えると, 化学ポテンシャル μ_i を与える式になる.

$$\mu_i = \frac{RT}{m_i} \ln \frac{c_i}{c_i^\circ(T)} \tag{5.5}$$

これより, 理想気体の分子種 i の化学ポテンシャル μ_i は, 対数的に分子種 i の濃度 c_i に依存し, その他の分子種の濃度 $c_{j(\neq i)}$ には依存しないことがわかる. これは希薄気体に特徴的な性質である. μ_i を与える式 (5.5) には, モル質量 m_i が明示的に現れていることに注目してほしい. これは質量基準の化学ポテンシャルを採用しているからであり, モル数基準の化学ポテンシャルを採れば, 対応する式にモル質量は現れない (41 ページ参照).

5.2　希薄気体における化学平衡

　ここでもう一度, 一般的な形の化学反応式を記す.

$$a\mathrm{A} + b\mathrm{B} + \cdots \rightleftharpoons x\mathrm{X} + y\mathrm{Y} + \cdots$$

$\mathrm{A}, \mathrm{B}, \cdots, \mathrm{X}, \mathrm{Y}, \cdots$ は化学反応に関わる物質の化学式であり, $a, b, \cdots, x, y, \cdots$ は化学量論係数である. 化学平衡の条件 (T, p が一定のもと $dG = 0$) より, 平衡状態における化学ポテンシャルは, 式 (3.25) を満たす.

110 ● 第5章 希薄系

$$am_A\mu_A + bm_B\mu_B + \cdots = xm_X\mu_X + ym_Y\mu_Y + \cdots \qquad \text{(式3.25)}$$

この式に，理想気体の化学ポテンシャルの式（5.5）を代入すると

$$aRT\ln\frac{c_A}{c_A{}^\circ(T)} + \cdots = xRT\ln\frac{c_X}{c_X{}^\circ(T)} + \cdots$$

これより

$$\frac{c_X{}^x c_Y{}^y \cdots}{c_A{}^a c_B{}^b \cdots} = K(T) \qquad (5.6)$$

が得られる．右辺の $K(T)$ は**平衡定数**と呼ばれる量で

$$K(T) \equiv \frac{c_X{}^{\circ x} c_Y{}^{\circ y} \cdots}{c_A{}^{\circ a} c_B{}^{\circ b} \cdots} \qquad (5.7)$$

と定義される．$K(T)$ は物質 $A, B, \cdots, X, Y, \cdots$ に固有の T のみの関数である．T の "関数" であるにもかかわらず，これを "定数" というのは，"濃度に依存しない量" という意味である．式（5.6）は希薄気体（厳密には，理想気体と見なせるほど希薄な気体）における，化学平衡に関する**質量作用の法則**である．

5.3 ビリアル係数

　気体の濃度がきわめて低いときには，理想気体の法則が高精度で成り立つが，濃度が高いほど，理想気体の法則からのずれが大きくなる．その "ずれ" が大きくないときには，理想気体の法則に対する補正は，ビリアル級数と呼ばれる，密度のベキ級数によって与えられる．たとえば，1成分系の圧力 p は

$$p = \frac{nRT}{V}\left\{1 + B(T)\frac{n}{V} + C(T)\left(\frac{n}{V}\right)^2 + \cdots\right\} \qquad (5.8)$$

と表される．$B(T), C(T), \cdots$ は第 $2, 3, \cdots$ **ビリアル係数**と呼ばれる．ビリアル

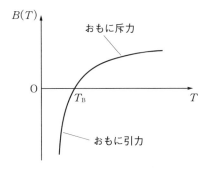

図 5.1 温度 T の関数としての第 2 ビリアル係数 $B(T)$. T_B は Boyle 温度

係数は物質に固有な，温度 T のみの関数である．低密度極限 $n/V \to 0$ では，ビリアル級数は理想気体の状態方程式に戻る．

図 5.1 は，第 2 ビリアル係数 $B(T)$ を，温度 T の関数として表したものである．$B(T)$ は低温において負であり，温度を低下させると急激に大きな負の値になる．一方，高温では正であり，温度の上昇に伴いゆるやかに増加する．$B(T) = 0$ となる温度 T_B は **Boyle 温度**と呼ばれる．Boyle 温度においては，$pV/nRT - 1$（理想気体の法則からの乖離）が n/V ではなく，$(n/V)^2$ に比例する．その意味でユニークな温度といえる．

さて，$B(T)$ の正負が何を意味するのかは熱力学の範疇を越えるが，簡単に説明していこう．

気体中で 2 分子間に働く分子間力は，2 分子が接する程度以下の短距離では非常に強い斥力であり，長距離では弱い引力である．$B(T) < 0$ は，分子間距離が中程度のときに働く引力の現れであり，$B(T) > 0$ は，短距離における強い斥力の現れである．$B(T) = 0$ となる温度 $T = T_\mathrm{B}$ では，圧力を下げる方向に寄与する引力と，圧力を上げる方向に寄与する斥力が，おおよそつり合っているといえる．

理想気体では，エネルギー U およびエンタルピー H は温度 T のみに依存し，圧縮の程度（圧力 p あるいは密度 n/V）には依存しない．しかし，実在気体ではそうではない．それをこれから示す．

熱力学恒等式（3.38）の第 1 式と第 2 式にそれぞれビリアル級数（5.8）を

112 ● 第5章 希薄系

代入し，n/V の最低次まで計算すると

$$\left(\frac{\partial U}{\partial V}\right)_T = -\left[\frac{\partial(p/T)}{\partial(1/T)}\right]_V$$
$$= RT^2 \frac{dB}{dT}\left(\frac{n}{V}\right)^2 + O\left[\left(\frac{n}{V}\right)^3\right] \tag{5.9}$$

および

$$\left(\frac{\partial H}{\partial p}\right)_T = \left[\frac{\partial(V/T)}{\partial(1/T)}\right]_p$$
$$= n\left\{\frac{d(B/T)}{d(1/T)} + O\left(\frac{n}{V}\right)\right\} \tag{5.10}$$

が得られる．ただし，式 (5.10) の 2 番目の等号では，式 (5.8) を変形した

$$\frac{V}{T} = \frac{nR}{p}\left(1 + B\frac{p}{RT} + \cdots\right)$$

を用いた．また，記号 O は Landau の記号と呼ばれるもので，明示的に計算した項以外の部分のオーダーを表している（この場合は $n/V \to 0$ のときのオーダー）．B には温度依存性があるため，これらの式より，$(\partial U/\partial V)_T$，$(\partial H/\partial p)_T$ が 0 ではないことがわかる．すなわち，実在気体の U および H は，圧縮の程度（p または V）に依存する．

Joule 膨張

図 5.2 のように，断熱された条件のもとで，真空の空間に気体（系）が膨張する過程を考える．この過程は **Joule 膨張** と呼ばれる．この過程を通じて，系は仕事をなされず，熱も吸収しない（$w = q = 0$）．よって，Joule 膨張は等エネルギー過程である．すなわち

$$\Delta U = q + w = 0 \qquad \text{（等エネルギー過程）}$$

この等エネルギー過程における，体積変化に対する温度の変化率は

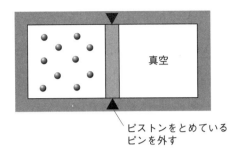

図 5.2 Joule 膨張

$$\left(\frac{\partial T}{\partial V}\right)_U = -\frac{1}{C_V}\left(\frac{\partial U}{\partial V}\right)_T \tag{5.11}$$

となる．右辺に注目すると，安定条件より $C_V > 0$（式 2.21）である．一方，$(\partial U/\partial V)_T$ は，一般には正負いずれの可能性もあるが，いまは希薄気体を考えているので必ず正である．なぜなら，希薄気体では式 (5.9) が成立し，$dB/dT > 0$（図 5.1 参照）だからである．以上より

$$\left(\frac{\partial T}{\partial V}\right)_U < 0 \quad (希薄気体) \tag{5.12}$$

という結論が得られる．すなわち，気体が Joule 膨張すると，その温度は必ず低下する．

Joule-Thomson 膨張

装置全体が断熱（$q = 0$）された条件で，気体が多孔性材料の栓を通して，高圧領域（一定圧力 p_1）から低圧領域（一定圧力 p_2）へと押し出され，高圧領域の体積が V_1 から 0 へ，低圧領域の体積が 0 から V_2 へ変化する過程を考える（図 5.3）．系になされる全仕事 w と，全エネルギー変化 ΔU は

$$w = p_1 V_1 - p_2 V_2$$
$$\Delta U = q + w = p_1 V_1 - p_2 V_2 = -\Delta(pV)$$

したがって

114 ● 第5章 希薄系

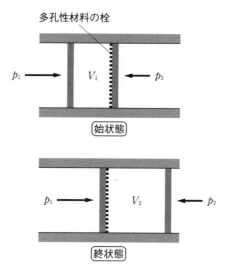

図 5.3 Joule–Thomson 膨張

$$\varDelta H = \varDelta(U + pV) = 0 \quad (\text{等エンタルピー過程})$$

等エンタルピー過程であるこの膨張は **Joule–Thomson 膨張** と呼ばれる．エンタルピー一定条件下の圧力に対する温度の変化率 $(\partial T/\partial p)_H$ は **Joule–Thomson 係数** と呼ばれ，熱力学恒等式

$$\left(\frac{\partial T}{\partial p}\right)_H = -\frac{1}{C_p}\left(\frac{\partial H}{\partial p}\right)_T \tag{5.13}$$

を満たす．右辺に注意すると，$C_p > 0$ であり，$(\partial H/\partial p)_T$ は式 (5.10) によって与えられる．したがって，希薄気体の Joule–Thomson 係数の符号は $d(B/T)/d(1/T)$ の反対符号であり，$d(B/T)/dT$ の符号に一致する．

図 5.4 は $B(T)/T$ を T の関数として示した模式図である．T_B よりも高いある温度 T_i（逆転温度）までは正の傾きをもち，$T > T_\mathrm{i}$ で負の傾きをもつ．

$$\frac{d(B(T)/T)}{dT} \begin{cases} > 0 & (T < T_\mathrm{i}) \\ < 0 & (T > T_\mathrm{i}) \end{cases}$$

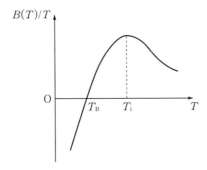

図 5.4 $B(T)/T$ の変化

したがって，Joule-Thomson 係数は

$$\left(\frac{\partial T}{\partial p}\right)_H \begin{cases} > 0 & (T < T_\mathrm{i}) \\ < 0 & (T > T_\mathrm{i}) \end{cases}$$

すなわち，Joule-Thomson 膨張（$dp < 0$）をする気体は，$T < T_\mathrm{i}$ のとき冷え，$T > T_\mathrm{i}$ のとき温まる．

Coulomb 力

Coulomb 力は距離を r としたとき，$1/r^2$ に比例する力である．気体中の各分子が Coulomb 力のような長距離力で相互作用するとき，理想気体の法則からの乖離は

$$\frac{pV}{nRT} - 1 = B(T)\frac{n}{V} + \cdots \quad \text{（式 5.8 参照）}$$

の形ではなくなる．電解質溶液の理論に相当する完全電離気体（プラズマ）の Debye-Hückel 理論より，$pV/nRT - 1$ の第 1 項は n/V ではなく，$(n/V)^{1/2}$ に比例する項であることがわかる．

したがって，理想気体の法則からの乖離は，短距離力で相互作用する分子（中性分子）の気体よりも，かなり早い段階（薄い濃度）から現れはじめる．

5.4 希薄溶液

　気体以外に重要な希薄系は，液体あるいは固体の均一混合物の希薄系である．それは1つの成分（溶媒）が大過剰に存在し，その他の全成分（溶質）が溶媒中に希薄に分散している混合物であり，液体の場合は溶液（solution），固体の場合は固溶体（solid solution）と呼ばれる*．ここでは溶液に限定して，希薄溶液の性質を調べていく．

　溶液が十分に希薄であり，溶質分子どうしはほとんど相互作用しない場合には，たとえ溶質と溶媒分子がいかに強く相互作用していようとも，その溶液は理想気体に類似のものとして扱うことができる．そのような系は，理想希薄溶液または**理想溶液**と呼ばれる．統計力学理論から，あるいは実験から，理想溶液における溶質分子種 i の化学ポテンシャル μ_i は，理想混合気体についての式（5.5）と同じ形になることがわかる．

$$\mu_i = \frac{RT}{m_i} \ln \frac{c_i}{c_i{}^\circ} \tag{5.14}$$

ここで，m_i は溶質分子種 i のモル質量である．μ_i は溶液中の他の溶質分子種の濃度に依存しない（他の溶質の有無にもよらない）．ただし，この式の $c_i{}^\circ$ は分子種 i の特性および温度に依存するだけでなく，溶媒の特性および圧力にも依存する．溶質分子種に関する上の式（5.14）は **Henry の法則**と呼ばれる．

> [Quiz] Henry の法則はさまざまな形で表現される．たとえば，希薄溶液と平衡にある蒸気中の溶質成分 i の分圧 p_i と，溶液中の溶質成分 i のモル分率 x_i が比例するという式
>
> $$p_i = k_\mathrm{H} x_i$$
>
> はその1つである．比例係数 k_H は Henry 定数と呼ばれる．k_H は，溶媒と溶質 i の特性，および温度に依存する量である．
> 　一方，式（5.14）は溶液中の溶質 i の化学ポテンシャルを与えるものであり，相平衡については言及していない．

---

* 英語の"solution"は液体，固体を区別しないので，本来は"溶体"を意味する．

式 (5.14) から $p_i = k_H x_i$, あるいはそれに類似の結果が得られることを示せ.

Answer 式 (5.14) のところで述べたように, 理想溶液の溶質の化学ポテンシャルは, 理想気体のそれ (式 5.5) と同じ形の式に従う. ただし式中の, 溶質濃度に依存しない c_i° は異なる値をもつ. これを区別するため, α を気相, β を溶液相として, $c_i^{\circ\alpha}$, $c_i^{\circ\beta}$ とする. また, それぞれの相における濃度を c_i^α, c_i^β とする.

溶液と蒸気が平衡にあるとき, それぞれの相における溶質成分 i の化学ポテンシャルは等しい. すなわち

$$\mu_i^\alpha = \mu_i^\beta$$

式 (5.5) と (5.14) を代入すると

$$\frac{c_i^\beta}{c_i^\alpha} = \frac{c_i^{\circ\beta}}{c_i^{\circ\alpha}} \equiv \lambda$$

よって, 溶質 i の濃度がそれぞれの相で変化しても, 溶液が希薄溶液と見なせるほど希薄であり, 蒸気が理想気体と見なせるほど希薄である限り, 2 相の濃度比は一定となる. 溶液中の溶質濃度 c_i^β をモル分率 x_i に変換し, 蒸気中の溶質濃度 c_i^α を分圧 p_i に変換すれば, x_i/p_i が一定となることがわかる. これはすなわち, 見慣れた形の Henry の法則である.

ちなみに, 上式の λ は Ostwald 吸収係数と呼ばれ, 溶解度を与える. ◆

Gibbs-Duhem 式 (3.26) と式 (5.14) より

$$\rho_{溶媒} d\mu_{溶媒} = -\sum_{溶質 i} \rho_i d\mu_i \qquad (T, p \text{ は一定})$$

$$= -RT \sum_{溶質 i} \frac{\rho_i}{m_i c_i} dc_i$$

$$= -RT\, dc \qquad \left(\because \ \frac{\rho_i}{m_i c_i} = 1 \right)$$

ここで

$$c = \sum_{溶質 i} c_i$$

は全溶質のモル濃度である.

118 ● 第 5 章 希 薄 系

　いま溶液の p, T を一定に保ち，上式を希薄溶液極限（$c \to 0$）から，その近傍の c まで積分する．その際，上式左辺の $\rho_{溶媒}$ は，同じ p, T における純溶媒の $\rho_{溶媒}{}^{*}$ に等しい定数と見なすことができる（上付き * は，純溶媒または純物質であることを示す）．積分の結果は

$$\mu_{溶媒} - \mu_{溶媒}{}^{*} = -\frac{RT}{\rho_{溶媒}{}^{*}}c \qquad (c \to 0)$$

$$= -RT\mathfrak{m} \tag{5.15}$$

となる．$\mu_{溶媒}{}^{*}$ は溶液と同じ p, T における純溶媒の化学ポテンシャル，$\mathfrak{m}$ は全溶質の**質量**モル濃度（溶媒の単位質量当りの溶質モル数．単位は mol/kg）である*．式（5.15）は **Raoult の法則**と呼ばれる．

　ここでもう一度，一般的な化学反応式を考える．今回は，希薄溶液における反応である．

$$a\mathrm{A} + b\mathrm{B} + \cdots \; \rightleftharpoons \; x\mathrm{X} + y\mathrm{Y} + \cdots$$

$\mathrm{A}, \mathrm{B}, \cdots, \mathrm{X}, \mathrm{Y}, \cdots$ は物質の化学式，$a, b, \cdots, x, y, \cdots$ は化学量論係数である．化学平衡の条件は式（3.25）によって表され，溶質分子種 $\mathrm{A}, \mathrm{B}, \cdots, \mathrm{X}, \mathrm{Y}, \cdots$ の化学ポテンシャルは，式（5.14）の μ_i で与えられる．したがって，希薄気体における化学平衡とまったく同様に，次の質量作用の法則が成り立つ．

$$\frac{c_{\mathrm{X}}{}^{x} c_{\mathrm{Y}}{}^{y} \cdots}{c_{\mathrm{A}}{}^{a} c_{\mathrm{B}}{}^{b} \cdots} = \frac{c_{\mathrm{X}}{}^{\circ x} c_{\mathrm{Y}}{}^{\circ y} \cdots}{c_{\mathrm{A}}{}^{\circ a} c_{\mathrm{B}}{}^{\circ b} \cdots} \equiv K$$

ただし希薄溶液の場合，平衡定数 K は温度 T に依存するだけでなく，圧力 p にも（弱く）依存する．

　純液体または純固体が化学平衡に関係するときには，純物質の化学ポテンシャル μ^{*} が，一般的な化学平衡の条件を表す等式（3.25）に入ってくるが，μ^{*} は p と T のみに依存するため，上式右辺の平衡定数 K に組み込まれ，上式左辺（質量作用式と呼ぶ）には入ってこない．同様に，希薄溶液では $\mu_{溶媒} \simeq \mu_{溶媒}{}^{*}$（Raoult の法則参照）だから，希薄溶液の溶媒の化学ポテンシャ

---

* 　ちなみに英語では，モル濃度は molarity，質量モル濃度は molality である．

ル $\mu_{溶媒}$ も K に組み込まれ，質量作用式には入ってこない．

[Quiz] 質量作用式に溶媒濃度が現れないことを，溶媒 B, 溶質 A, X が関わる次の化学反応について示せ．

$$aA + bB \rightleftharpoons xX$$

[Answer] 化学平衡の条件は

$$am_A\mu_A + bm_B\mu_B = xm_X\mu_X \tag{1}$$

である．

溶質 A, X の化学ポテンシャルは，式 (5.14) より

$$\mu_i = \frac{RT}{m_i}\ln\frac{c_i}{c_i^\circ} \quad (i = A, X)$$

一方，溶媒 B の化学ポテンシャル μ_B は，純溶媒の μ_B^* に等しいと近似できる（Raoult の法則より）．

以上を式 (1) に代入すると

$$\frac{c_X{}^x}{c_A{}^a} = \frac{c_X{}^{\circ x}}{c_A{}^{\circ a}}\exp\left(\frac{bm_B\mu_B^*}{RT}\right)$$

となり，左辺の質量作用式には溶媒濃度は現れない．◆

2つの溶媒相への（希薄な）溶質の分配についても，質量作用の法則が成り立つ．

いま，溶質を A，2相分離している溶媒の上下の相を α, β とする（図 5.5）．この場合の〝反応〟は

$$\text{A}\,(\alpha\,相) \rightleftharpoons \text{A}\,(\beta\,相)$$

図 5.5 溶質の分配

120 ● 第5章 希薄系

だから

$$\frac{c_A{}^\beta}{c_A{}^\alpha} = K \tag{5.16}$$

この K は**分配係数**と呼ばれる.

　式（5.16）は，共存する2つの液相間における溶質の分配法則として広く知られているが，気体溶解度に関する Henry の法則も，この一例と考えることができる．その場合，実際には気相 α と液相 β との間での溶質の平衡であるが，気相を〝溶媒＝真空″の相と考え，式（5.16）は，それと β 相との間で平衡にある溶質（気体分子）の分配法則と考えることができる.

5.5　束一的性質

　理想溶液の性質はすべて，Henry の法則（5.14）と Raoult の法則（5.15）から導くことができる．特に，束一的性質と呼ばれる一群の性質が導かれる.

　束一的性質とは，希薄系の希薄な成分（希薄気体の場合はすべての成分，希薄溶液の場合はすべての溶質成分）の全分子数，全モル数，または全モル濃度（単位体積当りの全モル数）に比例し，**希薄な成分の分子の種類には依存しない**性質のことをいう．その一例は，理想気体の法則である.

$$p = \frac{\overbrace{n}^{\text{種類に関係なく全モル数}} RT}{V} = \underbrace{c}_{\text{全モル濃度}} RT$$

　希薄溶液の束一的性質を測定することによって，溶質のモル質量 $m_{溶質}$ を決定することができる．なぜなら，溶質の質量密度 ρ は溶液を調製したときにすでにわかっており，溶質のモル濃度 c は束一的性質の測定によって決まり，この2つの情報を用いて $m_{溶質} = \rho/c$ からモル質量が決定できるからだ.

　溶媒と違って溶質は希薄だから，溶質分子という単位 —— したがって分子量 —— は明確に定義できる．一方，溶媒は高密度で存在し，強く相互作用しているため，溶媒分子という単位は明確に定義できない.

5.5.1 溶媒蒸気圧降下

希薄溶液が示す束一的性質の1つに**蒸気圧降下**がある．これは，不揮発性溶質によって，溶媒の蒸気圧が低下する現象だ．

溶液中の溶媒の化学ポテンシャル，および溶液と平衡にある蒸気中の溶媒の化学ポテンシャルを μ とする（図5.6(b)）．化学ポテンシャルは温度と同様に系全体にわたり均一であるから，液相も気相も同じ μ である．また純溶媒，およびその平衡蒸気中の化学ポテンシャルを μ^* とする（図5.6(a)）．溶液の場合と同じ理由で，両相共通の μ^* である．

気相は理想気体と見なせるため，溶液と平衡にある蒸気の溶媒の化学ポテンシャル μ，および純溶媒の蒸気の化学ポテンシャル μ^* は，それぞれ式（5.5）で与えられる．これより

$$\mu - \mu^* = \frac{RT}{\underbrace{m_{溶媒}}_{溶媒\textbf{蒸気}のモル質量}} \ln \frac{p_{溶媒}}{p_{溶媒}{}^*} = \frac{RT}{m_{溶媒}} \frac{\Delta p}{p_{溶媒}{}^*} \quad (蒸気)$$

ただし，ここで

$$\ln \frac{p_{溶媒}}{p_{溶媒}{}^*} = \ln \frac{p_{溶媒}{}^* + \Delta p}{p_{溶媒}{}^*} = \ln\left(1 + \frac{\Delta p}{p_{溶媒}{}^*}\right) \simeq \frac{\Delta p}{p_{溶媒}{}^*}$$

を用いた．また，溶液および純溶媒中の溶媒成分の化学ポテンシャルは式（5.15）で与えられるため

(a) 純溶媒の気液平衡　　(b) 溶液の気液平衡

図5.6 蒸気圧降下

122 ● 第5章 希薄系

$$\mu - \mu^* = -RT \underline{\mathfrak{m}} \quad \text{(液体)}$$

全溶質の**質量**モル濃度

が成立する.

以上より，蒸気圧降下を与える以下の式が得られる.

$$\frac{\Delta p}{p_{溶媒}{}^*} = -m_{溶媒}\mathfrak{m} \tag{5.17}$$

右辺のマイナス記号は，蒸気圧が〝降下する〟ことを示す．この式は，Δp が全溶質の質量モル濃度 $\mathfrak{m}$ に比例することを示している．すなわち，蒸気圧降下は束一的性質である.

溶媒蒸気のモル質量 $m_{溶媒}$（kg/mol）と，溶質の質量モル濃度 $\mathfrak{m} = n_{溶質}/M_{溶媒}$（mol/kg）の次元は逆関係にあり，その積 $m_{溶媒}\mathfrak{m}$ は，無次元のモル比 $n_{溶質}/n_{溶媒}$ である．液体状態の溶媒のモル数 $n_{溶媒}$ は明確に定義できない量だが，ここでは $n_{溶媒} = M_{溶媒}/m_{溶媒}$ とした.

さて，希薄溶液だから

$$\frac{n_{溶質}}{n_{溶媒}} \simeq \frac{n_{溶質}}{n_{溶質} + n_{溶媒}} = x_{溶質}$$

であり，これを用いると式（5.17）は

$$\Delta p = -p_{溶媒}{}^* x_{溶質}$$

となる．これは多くの教科書で見られる，蒸気圧降下の式である.

5.5.2 沸点上昇

不揮発性溶質を含む溶液の沸点は，その純溶媒の沸点よりも高い．沸点の上昇幅は，全溶質の質量モル濃度に比例する．このことを以下に示す.

外圧 $p_外$ での純溶媒の沸点を T_b とする．言い換えると，温度 T_b における純溶媒の蒸気圧 p は $p_外$ である．純溶媒に不揮発性溶質を加えると，蒸気圧 p は下がる．下がった蒸気圧 p を $p_外$ に戻すためには温度を上げる必要がある．質

量モル濃度 $\mathfrak{m}$ の全溶質により低下した溶媒蒸気圧変化に等しい増加をもたらすように，$\varDelta T_{\mathrm{b}}$ だけ温度を上げる必要がある．Clausius-Clapeyron 式（4.17）より

$$\frac{dp}{p} = \frac{\varDelta H_{\mathrm{m}}}{RT^2} dT$$

よって，温度変化 $\varDelta T_{\mathrm{b}}$ に伴う蒸気圧 p の増加率は

$$\frac{\varDelta p}{p_{溶媒}{}^*} = \frac{\varDelta H_{\mathrm{m}}}{RT_{\mathrm{b}}{}^2} \varDelta T_{\mathrm{b}} \tag{5.18}$$

この蒸気圧増加率が，全溶質の質量モル濃度が $\mathfrak{m}$ である溶液の（純溶媒に対する）蒸気圧減少率

$$-m_{溶媒}\mathfrak{m} \qquad （式 5.17）$$

を打ち消すだけの $+m_{溶媒}\mathfrak{m}$ に一致しなければならない．したがって

$$\varDelta T_{\mathrm{b}} = \frac{\overbrace{m_{溶媒}RT_{\mathrm{b}}{}^2}^{溶媒蒸気のモル質量}}{\underbrace{\varDelta H_{\mathrm{m}}}_{蒸気の1\,\mathrm{mol}当りの蒸発熱}} \mathfrak{m}$$

$$= \frac{RT_{\mathrm{b}}{}^2}{\varLambda_{\mathrm{b}}} \mathfrak{m}$$

すなわち

$$\varDelta T_{\mathrm{b}} = K_{\mathrm{b}} \mathfrak{m} \tag{5.19}$$

これが**沸点上昇**を与える式である．ここで $\varLambda_{\mathrm{b}}$ は，溶媒の単位質量当りの蒸発熱である．また

$$K_{\mathrm{b}} \equiv \frac{RT_{\mathrm{b}}{}^2}{\varLambda_{\mathrm{b}}}$$

は，溶媒のモル沸点上昇であり，溶質の種類に無関係な，溶媒に固有の量である．

式 (5.19) は，ΔT_b が全溶質の質量モル濃度 m に比例し，比例係数 K_b は溶媒にのみ依存することを表している．よって，沸点上昇は束一的性質である．

5.5.3 凝固点降下

次に凝固現象，とくに溶液から生じる固相が，純溶媒の固体である現象を考える（図 5.7）．このような凝固は通常，溶液中の溶質濃度が低いときにだけ起こる．濃度が低くなければ，低温で溶質の濃度が溶解度極限を超え，溶液から固溶体が析出する可能性が高い．

ここで想定している溶液-純溶媒固体の相平衡は，沸点上昇の相平衡と類似している．というのは，溶液と平衡にある相（固体または蒸気）は，溶質を含まない純溶媒であるからだ．これから示す凝固点降下を与える式の導き方は，沸点上昇にも当てはめることができるが，沸点上昇については前項の導き方が簡単で見通しが良い．

さて，いま純溶媒の固体が溶液（全溶質の質量モル濃度 m）と平衡にあるとき，溶媒の化学ポテンシャルは，固体と液体において等しい．

$$\mu_{固,溶媒}{}^*(T,p) = \mu_{液,溶媒}(T,p,m)$$

溶液は希薄であるから，化学ポテンシャル $\mu_{液,溶媒}(T,p,m)$ は，Raoult の法則 (5.15) によって与えられる．したがって

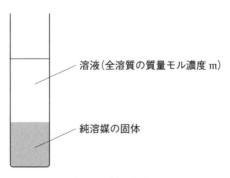

図 5.7 凝固点降下

$$\mu_{\text{固,溶媒}}{}^*(T,p) = \mu_{\text{液,溶媒}}{}^*(T,p) - RT\mathrm{m} \tag{5.20}$$

この式は，溶質の質量モル濃度 m の関数として，凝固点 $T(\mathrm{m})$ を与える方程式と見なすことができる．

一般に，純物質については $\mu = G/M$（M は質量）より

$$\left[\frac{\partial(\mu/T)}{\partial T}\right]_p = \frac{1}{M}\left[\frac{\partial(G/T)}{\partial T}\right]_p$$

$$= -\frac{H}{MT^2} \quad \text{(Gibbs--Helmholtz 式 3.30 より)}$$

$$= -\frac{h}{T^2}$$

ここで

$$h = \frac{H}{M}$$

は，比エンタルピーである．式（5.20）の両辺を T で割り，T で微分し，上の熱力学恒等式を用いると

$$-\frac{h_{\text{固}}{}^*}{T^2} = -\frac{h_{\text{液}}{}^*}{T^2} - R\frac{d\mathrm{m}}{dT}$$

凝固点 T は m の関数（逆に m も T の関数）だから，最後の項がある．これより

$$\frac{dT}{d\mathrm{m}} = -\frac{RT^2}{h_{\text{液}}{}^* - h_{\text{固}}{}^*} \tag{5.21}$$

純溶媒の凝固点を T_{f}，$\varDelta T_{\mathrm{f}}$ を凝固点降下とすると，溶液の凝固点は $T = T_{\mathrm{f}} - \varDelta T_{\mathrm{f}}$ である．溶質濃度は低いため（希薄溶液），上式（5.21）の左辺では

$$\frac{dT}{d\mathrm{m}} \approx -\frac{\varDelta T_{\mathrm{f}}}{\mathrm{m}}$$

を用いることができ，また右辺では

$$T^2 \approx T_f{}^2$$

とすることができる．単位質量当りの固体溶媒の融解熱

$$\Lambda_f \equiv h_{液}{}^* - h_{固}{}^*$$

を用いると，式 (5.21) は

$$
\begin{aligned}
\Delta T_f &= \frac{R T_f{}^2}{\Lambda_f} \mathfrak{m} \\
&= K_f \mathfrak{m}
\end{aligned}
$$

となる．これが**凝固点降下**を与える式である．ここで

$$K_f \equiv \frac{R T_f{}^2}{\Lambda_f}$$

は，溶媒のモル凝固点降下と呼ばれ，溶媒の性質にのみ依存する量である．

凝固点降下 ΔT_f は全溶質の質量モル濃度 $\mathfrak{m}$ のみに依存する．したがって，これも束一的性質である．

5.5.4 浸透圧

希薄溶液の束一的性質のもう1つの重要な例に浸透圧がある．

膜で仕切られた容器の一方に溶液を入れ，他方に純溶媒を入れる（図5.8(a)）．溶媒は膜を自由に透過できるが，溶質（たとえば，膜の細孔サイズよりも大きい巨大高分子）は透過できない．この膜は，溶質に対してのみ不透過性をもつ膜であり，**半透膜**と呼ばれる．

この場合，溶媒は，溶液を薄めて，膜の両側で溶媒の化学ポテンシャルが等しくなるように，純溶媒相から溶液相へ自発的に流れる．この過程は**浸透**と呼ばれる．純溶媒の圧力よりも十分高い圧力を溶液に加えれば，溶媒の流れを逆転させることができる．これを逆浸透と呼ぶ．

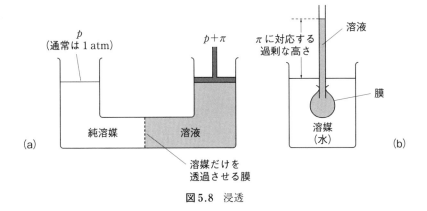

図 5.8 浸透

浸透は図 5.8(b) に示した装置でも確認できる．ガラス管の一方を半透膜でカバーし，そこに溶質を含む水溶液を適量入れる．膜で閉じたほうを純水の入ったビーカーに浸し，ガラス管内の液面と純水の液面を合わせると，水がビーカーから膜を通ってガラス管内部に流れる．ガラス管内の水の化学ポテンシャルと膜の外側の水の化学ポテンシャルが等しくなったとき，水の流れは止まる．

さて，溶液への過剰な圧力がある値 π をとるとき，溶媒の化学ポテンシャルが膜の両側で等しくなる．この過剰な圧力 π のことを**浸透圧**と呼ぶ．この条件を式で表すと

$$\mu_{溶媒}{}^*(p) = \mu_{溶媒}(p + \pi, \mathrm{m})$$

である．このとき溶媒の流れは止まり，平衡状態になる．右辺の溶液中の溶媒の化学ポテンシャル $\mu_{溶媒}(p+\pi,\mathrm{m})$ に Raoult の法則 (5.15) を適用すると，次式が得られる．

$$\mu_{溶媒}{}^*(p) = \mu_{溶媒}{}^*(p + \pi) - RT\mathrm{m}$$

これは m の関数としての π の方程式である．これを π で微分し，1 成分系においては

$$\left(\frac{\partial \mu}{\partial p}\right)_T = \frac{1}{M}\left(\frac{\partial G}{\partial p}\right)_T = \frac{V}{M} = v \quad (比体積)$$

128 ● 第 5 章 希 薄 系

であることに注意すると

$$0 = v_{溶媒} - RT\left(\frac{\partial \mathfrak{m}}{\partial \pi}\right)_T \approx v_{溶媒} - RT\frac{\mathfrak{m}}{\pi}$$

を得る．$v_{溶媒}$ は，厳密には圧力 $p + \pi$ における体積だが，液体の圧縮率はきわめて小さいため，p における体積として問題ない．また，希薄溶液だから $\mathfrak{m}$ も π も小さいため，$(\partial \mathfrak{m}/\partial \pi)_T \approx \mathfrak{m}/\pi$ を用いた．これより

$$\pi = \frac{RT\overbrace{\mathfrak{m}}^{\text{溶質モル数/溶媒質量}}}{\underbrace{v_{溶媒}}_{\text{溶媒体積/溶媒質量} \approx \text{溶液体積/溶媒質量}}} = cRT \tag{5.22}$$

これが **van't Hoff の法則**である．希薄溶液の浸透圧は，溶液の全溶質濃度 c と同じ濃度の理想気体の圧力に等しい．

　他のすべての束一的性質と同じように，浸透圧測定から希薄分子種の分子量を決定することができる．事実，浸透圧測定は，溶液中の合成高分子や生体高分子の分子量を決定するための主要な方法である．

　[Quiz]　濃度 20 g/L，モル質量 50000 g/mol であるポリマー溶液の 25 ℃ における浸透圧は，容易に測定できる程度の大きさか．
　[Answer]　モル濃度 $c = 20/50000$ mol/L，温度 $T = 298.15$ K，$R = 8.31446$ J/(K mol)．よって式 (5.22) より，浸透圧 $\pi = 9.9 \times 10^2$ Pa．これは大気圧の 1/100 程度であり，水柱 10 cm の圧力に相当するため，容易に測定できる．◆

================ 問　　題 ================

1　分子種 A の気体があり，その唯一の非理想性は二量化

　　　$2A \rightleftharpoons A_2$

　　によるものとする．つまり，この気体は，平衡状態において 2 種類の分子種 A と A_2 の理想混合気体であるとしよう．単量体と二量体を形成する A の全モル数 $n_A + 2n_{A_2}$ を n_0 とし，二量化の平衡定数 $K(T)$ は与えられているとしよう．

(a) この気体の状態方程式 $p = p(T, V)$ を示せ.（最終的な式に n_0 または $K(T)$ が含まれるかもしれない.）

(b) 展開式

$$p = \frac{n_0 RT}{V}\left\{1 + B(T)\frac{n_0}{V} + \cdots\right\}$$

に現れる第 2 ビリアル係数 $B(T)$ を $K(T)$ を用いて示せ.

(c) この気体には Boyle 温度があるか．説明し，コメントせよ.

(d) 体積無限大の極限では，(b)の展開式からわかるように $p = n_0 RT/V$ となり，それ以外の形，たとえば $(1/2)n_0 RT/V$ や $2n_0 RT/V$ などの形にはならない．なぜそうなのかを説明せよ.

2 室温に近いある一定温度での平衡状態において，安息香酸が 2 つの非混和性溶媒であるベンゼンと水の間に分配されている．分配のデータ（溶媒 $100\ \mathrm{cm}^3$ 当りの安息香酸のグラム単位の濃度）は，以下の通りである.

濃度（水相）	0.289	0.195	0.150	0.098	0.079
濃度（ベンゼン相）	9.7	4.12	2.52	1.05	0.737

表のデータは，両溶媒中で安息香酸が単量体で存在することと矛盾するが，水相では単量体，ベンゼン相では二量体として存在すると仮定すれば，つじつまが合う．これを説明せよ.

3 グリセロール $C_3H_8O_3$ を水に溶かしたとき，水の凝固点が $-10\ ^\circ\mathrm{C}$ となるためのグリセロールの質量パーセント濃度（（グリセロール質量/溶液質量）$\times 100$）を見積れ．ただし，氷の融解熱を $334\ \mathrm{J/g}$ とせよ．また，計算結果を実験値 30.5% と比較せよ．（このような高濃度溶液については，希薄溶液の法則があまり正しくないと予想されるが，試しにやってみよう.）

熱力学第三法則

　熱力学第三法則は，しばしば簡単に〝物質のエントロピーは絶対零度で0に近づく〟と述べられる．しかし自然の法則としての第三法則を正しくとらえるためには，この表現をそのまま無条件に受け入れるのではなく，いくつかの前提条件を理解する必要がある．

　本章では，実験事実が示す第三法則本来の主張を学び，いくつかの例について考察する．また，熱力学の範疇を越えるが，統計力学に基づいて第三法則の意味を考える．さらに，実験により第三法則を検証する方法を見る．最後に，第三法則が適用できない系がもつ残余エントロピーとは何かを（これも熱力学の領域を越えて）学ぶ．

6.1　熱力学第三法則とは何か ― Nernst の熱定理の意味 ―

　熱力学第三法則は，第一および第二法則のように新しい状態関数を導入するのではなく，低温におけるエントロピーの普遍的挙動を与える法則である．〝第三法則とは何か〟という説明の仕方には複数あるが，そのなかで最も有用なものが Nernst の熱定理である．

　ある固定された温度 T において系の熱力学状態が変化し（等温変化），それに伴うエントロピー変化が ΔS_T であるとしよう．この変化は化学反応，物理変化（融解，気化，異なる結晶間の構造相転移），あるいは等温膨張など，どれでもよい．唯一の条件は，始状態と終状態が平衡状態（真の平衡，あるいは

132 ● 第6章　熱力学第三法則

拘束条件下の平衡状態）にあることだ．実際にその変化がどのようにして起こ
るかは問題ではなく，原理的にその変化を可逆的に起こすことができて，した
がって始状態と終状態における系の熱力学関数の値は明確に定まる，という条
件が成立すればよい．

　始状態または終状態は，必ずしも最安定状態である必要はなく，熱力学関数
の値が定まる限り，準安定状態でもかまわない．

　例として，1 atm，−10 ℃ の状態にある過冷却水が凝固し，氷になる過程
を考えよう．

　始状態の過冷却水（液体）は，物質としての水の準安定状態である（その温
度・圧力では，氷が最安定状態）．したがって，過冷却水の凝固は不可逆過程
である．しかし，この等温変化を可逆的に起こすことは可能である．たとえば，
始状態の過冷却水を可逆的に 0 ℃ まで加熱し，0 ℃ で凍らせ，そうしてでき
た氷を可逆的に −10 ℃ まで冷却する．これをすべて 1 atm で行えばよい．
第 2 章の問題 3（43 ページ）では，この過程の ΔS_T を計算した．

$$（−10 ℃ の水）\cdots\cdots\rightarrow　（−10 ℃ の氷）$$
$$\downarrow　　　　　　　　　　　\uparrow$$
$$（0 ℃ の水）\longrightarrow　（0 ℃ の氷）$$

　実際には，第三法則は極低温における熱力学状態変化に対する法則だから，
おおよそどのような系の始状態，終状態も固体ということになる．数少ない例
外は，25 atm 以下のヘリウムであり，これは $T = 0\,\mathrm{K}$ でも液体のままである
（図 6.1 参照）．

　では，第三法則が成り立つ具体的な変化を見ていこう．

　化学反応の一例は，鉛 Pb と硫黄 S から硫化鉛 PbS が生成する反応である．

$$Pb（固）+ S（固）\longrightarrow PbS（固）$$

結晶の構造相転移の例としては，黒鉛からダイヤモンドへの変化

$$C（黒鉛）\longrightarrow C（ダイヤモンド）$$

単斜晶硫黄から斜方晶硫黄への変化

6.1 熱力学第三法則とは何か — Nernst の熱定理の意味 — ● 133

　　S(単斜) ⟶ S(斜方)

などがあげられる. 一般に, これらの変化は可逆的には起こらない. なぜなら, 適当に温度 T, 圧力 p を選んだとき, その変化に対して $\Delta H_T = T \Delta S_T$, すなわち $\Delta G_T = 0$ は成立しないからだ. ここで ΔH_T などの添え字 T は, 等温変化が起こる固定された温度を示す.

　一方, 相転移を伴わない固体の等温圧縮は可逆的に起こすことができる. たとえば, 銅 Cu の温度 T を固定し, 圧力 p_1 から p_2 に系を圧縮する変化

　　Cu(p_1) ⟶ Cu(p_2)

は可逆変化である.

Quiz　室温, 大気圧下で
　　S(単斜) ⟶ S(斜方)
の変化を起こす可逆経路を考えよ.

Answer　圧力 p を固定すると, 相平衡の条件 $\Delta H = T \Delta S$ を満たす温度 $T_{平衡}(p)$ が原理的には存在する. 硫黄 S の場合, $T_{平衡}(1\,\mathrm{atm}) = 368.5\,\mathrm{K}$ である. したがって, 室温から転移温度まで S(単斜) を可逆的に加熱し, そこで可逆的に相転移を起こさせ, そして S(斜方) を可逆的に室温まで冷却すればよい.

　あるいは, 温度 T を固定すると, $\Delta H_T = T \Delta S_T$ を満たす圧力, つまり変化が可逆的に起こる圧力 $p_{平衡}(T)$ が原理的には存在する. したがって, その圧力まで可逆的に等温圧縮過程 (または等温膨張過程) を起こし, そこで相転移を起こさせ, そして可逆的に等温膨張過程 (または等温圧縮過程) を起こし, 元の圧力に戻すという方法が考えられる.

　実際には, 室温では S(単斜) と S(斜方) の相平衡は存在しないため, 温度を固定するならば, 相平衡が存在する高温に固定する必要がある. ◆

　化学反応, 相転移, 等温圧縮の例のように, 温度の等しい始状態と終状態が平衡状態であれば, そこで直接起こる変化が可逆過程であれ不可逆過程であれ, ΔS_T は原理的に測定できる.

134 ● 第6章 熱力学第三法則

熱力学第三法則は ΔS_T について，次の経験的事実を主張する．〝ある等温過程が起こる温度 T が絶対零度に近づくとき，それに伴うエントロピー変化 ΔS_T は 0 に近づく〟．すなわち

$$\lim_{T \to 0} \Delta S_T = 0 \tag{6.1}$$

これが **Nernst の熱定理**である．すなわち，始状態と終状態における系のエントロピーは $T = 0$ において等しくなる．物理状態（結晶構造または密度）の変化であれ，化学種の変化（化学反応）であれ，この定理は成立する．

ところで，可逆過程（始状態と終状態の両方で，熱力学変数の値が定まる過程）によって，原理的に行き来できるすべての始状態と終状態の集合に関して，私たちは，そのうちの1つの状態の $T = 0$ におけるエントロピーの値 S_0 を任意に定めることができる．そうすると式（6.1）により，その値は他の状態の $T = 0$ におけるエントロピーの値となる．広く認められた慣例により，$T = 0$ におけるエントロピーの共通値は 0 と定められている．化学反応によって，互いに変換することができない物質群については，この慣例を各物質群に当てはめればよく，事実そのようにしている．

この慣例および Nernst の熱定理に基づくと，内部平衡にある物質，つまり，はっきりと決まった熱力学状態にある物質のエントロピーは，温度 $T = 0$ においてすべて 0 になる，という結論に達する．ただし，$T = 0$ における〝0〟というエントロピーの値はあくまで慣例により定めたものであり，自然法則によるものではないことに注意してほしい．自然法則は式（6.1）であり，エントロピー**変化**に関する法則である．**エントロピーは，その変化量のみが測定可能な物理量である**．

Nernst の熱定理はエントロピーに関するものだが，第二法則から導かれるものではなく，別の新しい原理である．

熱力学にとどまる限り，Nernst の熱定理は化学反応，相転移，構造変化，圧縮などの等温過程に伴うエントロピー変化 ΔS_T が，$T \to 0$ のとき 0 に近づくという実験事実を述べたものであり，それ以外のことは何もいわない．一方，統計力学によると，第三法則の起源は，巨視的な系の量子エネルギー準位が，

基底状態付近においては相対的に希薄であるという事実にあることがわかる.

31 ページで説明したように,熱力学のエネルギー U というものは,系の量子力学的エネルギー E の平均値である.つまり系の微視的状態は時間とともに変化し,状態ごとに異なる E は,その平均値 U の周りをゆらいでいる.そのエネルギーのゆらぎ幅を ΔE とし,系の量子状態密度を $W(U)$ とすると,系のとりうる微視的状態数は $W(U)\Delta E$ であり,エントロピー S は,次の **Boltzmann の式**によって与えられる.

$$S = k \ln \{W(U)\Delta E\}$$

第三法則の核心は,平衡状態にある巨視的な系の量子状態密度 W は例外なく,基底状態 E_0 近傍において特別に低い,という事実にある.$W(E)$ は,通常は巨視的な量,たとえば分子数 N のオーダー $O(N)$ の指数関数 $\mathrm{e}^{O(N)}$ であるが,$E \approx E_0$ における $W(E)$ は,半巨視的な量 $o(N)$ の指数関数 $\mathrm{e}^{o(N)}$ である[*].〝特別に低い〟とは,そういう意味である.$T \to 0$ のとき $U \to E_0$ であり,このとき $\lim_{N \to \infty} S/N$ は 0 となる.

熱力学第三法則は,$T \to 0$ の極限でエントロピー変化量 ΔS_T が 0 になると主張するが,統計力学では $S = k \ln \{W(U)\Delta E\}$ によってエントロピーの値が定まるはずで,それならば,基底状態付近において量子状態密度が特別に低いことによって,$T = 0$ においては,内部平衡状態にある任意の巨視的な系のエントロピー自体が 0(正確には $\lim_{N \to \infty} S/N = 0$)となるのではないか,と思うかもしれない.しかし,そうではない.

Helmholtz 自由エネルギー F を,分配関数 $Z(T, V, N_1, N_2, \cdots)$ を用いて
$$F = -kT \ln Z + T\phi(N_1, N_2, \cdots)$$
とし,$T, V, N_1, N_2, \cdots$ の関数と見なすと,これは熱力学ポテンシャルであり,これを微分するだけで他のすべての熱力学量が導かれる.ここで $\phi(N_1, N_2, \cdots)$ は,分子種 $1, 2, \cdots$ の分子数 $N_1, N_2, \cdots$ の未知関数であり,温度 T には依存しない.系の量子状態を i,そのエネルギーを E_i とすると,分配関数 Z は
$$Z = \sum_i \mathrm{e}^{-E_i/kT}$$
と定義される量だが,量子状態密度 $W(U)$ を用いて表すと
$$Z = \mathrm{e}^{-U/kT} W(U)\Delta E$$

---

[*] $o(N)$ は,熱力学極限 $N \to \infty$ において $o(N)/N \to 0$ となる量.

この Z を上記の F に代入し，熱力学恒等式 $S = (U - F)/T$ を用いると
$$S = k \ln\{W(U)\varDelta E\} - \phi(N_1, N_2, \cdots)$$
となる．すなわち，第1項は $T \to 0$ の極限で消えるが，$\phi(N_1, N_2, \cdots)$ は残り，これが $T = 0$ におけるエントロピーの値を定める関数である．統計力学では，慣例により $\phi \equiv 0$ としている．すなわち，$T = 0$ でのエントロピーの絶対値は，統計力学においても本質的には定まらない．

6.2　熱力学第三法則の実例

第三法則は，図6.1の ^{4}He の相図の中に現れている．
Clapeyron 式（4.15）

$$\frac{dp}{dT} = \frac{\varDelta S}{\varDelta V}$$

が示すように，p-T 面における L_{II}-S 線の傾き dp/dT は，相転移に伴う体積変化 $\varDelta V$ に対するエントロピー変化 $\varDelta S$ の比に等しい．$T \to 0$ のとき，相平衡にある2つの凝縮相（液相と固相）の密度は異なる値に近づく，すなわち $\varDelta V$ はある有限値に近づく．一方，第三法則 (6.1) により，絶対零度の極限で $\varDelta S$ は0になる．したがって $T = 0$ のとき，傾き dp/dT は 0 にならなければならない．図の L_{II}-S 線が示すように，事実そうなっている．

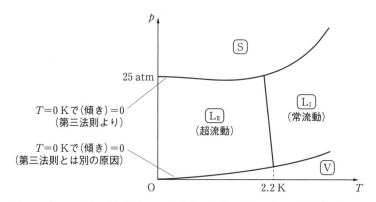

図6.1　^{4}He の相図（模式図）．固体（S），液体II（L_{II}．超流動状態），液体I（L_I．常流動状態），気体（V）およびそれらの共存線を示す

6.2 熱力学第三法則の実例 ● *137*

一方，$T = 0$ で L_{II}-V 線の傾きも 0 となっているが，その原因は第三法則**ではない**．これは $T = 0$ の極限に近づくと，L_{II} と相平衡にある He 蒸気の比体積が，急激に無限大になることによる．$T = 0$ の極限では，蒸気密度が 0 になるため第三法則（6.1）は適用できず，L_{II}-V 線における ΔS の極限値は 0 ではない．

絶対零度における結晶性純物質のエントロピーを 0 と定義するエントロピー目盛を採用すれば，その物質が任意の温度，圧力で何らかの物理状態にあるときのエントロピー S は，$T = 0$ の結晶状態からその状態に至るまでのエントロピー変化 ΔS に等しいことになる．この場合，定圧熱容量 C_p と相平衡における相転移の潜熱

$$\Delta H_{転移} = T \, \Delta S_{転移}$$

の測定から，エントロピーの値を決定できる．

たとえば，温度 T，圧力 p の気体状態にある純物質のエントロピー $S_{気体}$ は，次式から求められる．

$$S_{気体}(T,p) = \underbrace{0}_{慣例により} + \int_0^{T_f} \frac{C_p(結晶)}{T} dT_{(1\,atm)} + \frac{\Delta H_f}{T_f} + \int_{T_f}^{T_b} \frac{C_p(液体)}{T} dT_{(1\,atm)}$$

$$+ \frac{\Delta H_b}{T_b} + \int_{T_b}^{T} \frac{C_p(気体)}{T} dT_{(1\,atm)} + \int_{1\,atm}^{p} \underbrace{\left(\frac{\partial S}{\partial p}\right)_T}_{\substack{-V\alpha \\ (T は一定)}} dp \quad (6.2)$$

ここで，0 K から T までの温度変化は 1 atm の等圧過程であり，T_f, T_b はそれぞれ 1 atm での融点，沸点である．最後の項の被積分関数は Maxwell の関係式より

$$\left(\frac{\partial S}{\partial p}\right)_T = -\left(\frac{\partial V}{\partial T}\right)_p = -V\alpha$$

となる．実際に C_p, $\Delta H_{転移}$，および熱膨張係数 α の実験値から，さまざまな物質の "絶対" または "第三法則" エントロピーの表が作成され，熱化学において利用されている．

138 ● 第6章 熱力学第三法則

エンタルピー H も同様に定めることができるため，その状態における Gibbs 自由エネルギー $G = H - TS$ も定まる．単位質量当りの G は，その純物質の化学ポテンシャル μ である（式3.8参照）．このようにして得られる気体の化学ポテンシャルより，式 (5.5) の物質固有の c_i° を決定することができる．

希薄系において，化学平衡状態にある各分子種の濃度は 2 通りの方法で決定することができる．1 つは間接的な方法で，第三法則から得られる c_i° と式 (5.5) または (5.14)，そして式 (3.25) を用いて濃度を計算する．もう 1 つは直接的な方法で，たとえば，平衡混合物の化学分析により濃度が決まる．計算および直接測定から得られた濃度どうしを比較すると，両者は一致する．これは第三法則が，実験により検証されたことを示す重要な事実である．

第三法則を検証する方法は他にもある．

第三法則によると，結晶性固体状態にある物質を，任意の圧力 p_1 から p_2 に等温で圧縮する過程のエントロピー変化 $\Delta S_T = S(p_2) - S(p_1)$ は $T \to 0$ で 0 となる．すなわち

$$\lim_{T \to 0} \left(\frac{\partial S}{\partial p} \right)_T = -V\alpha = 0$$

より

$$\alpha = 0 \qquad (T \to 0) \tag{6.3}$$

実際，結晶性物質の熱膨張係数 α は，$T \to 0$ で 0 に近づくことが実験により確められている．

気体のエントロピーを式 (6.2) と実験データから求め，それに理想気体補正を加えて得られる理想気体のエントロピーの値 $S_{気体}$ (実験) は，統計力学に基づく理想気体のエントロピーの計算値 $S_{気体}$ (計算) と比較することができる．

統計力学によると，理想気体のエントロピーは分子の並進，回転，振動，電子状態からの寄与の和として得られる．並進以外の寄与を計算する際には，分光学から得られる実験データを利用する．2 つの方法から得られるメタン，窒素，酸素などの多くの気体のエントロピーは，実験誤差の範囲内でよく一致す

6.2 熱力学第三法則の実例 ● *139*

る.

ただし,例外もある.エントロピーの値が,実験と計算とで一致しない有名な例を示そう.たとえば亜酸化窒素 N_2O,一酸化炭素 CO,水 H_2O などがその例で,1 atm,298 K の結果は以下の通りである.

N_2O の場合,$S_{気体}$ (実験) $= 51.44$ cal/(K mol) に対し,$S_{気体}$ (計算) $= 52.58$ cal/(K mol) であり,計算値のほうが 1.14 cal/(K mol) だけ大きい.CO の場合,計算値のほうが 1.11 cal/(K mol) だけ大きく,H_2O の場合,計算値のほうが 1.11 cal/(K mol) だけ大きい.その他の物質についても,両者の値が一致しない場合は常に

$$S_{気体} \, (実験) < S_{気体} \, (計算)$$

である.これは何を意味するのだろうか.

実は,これらの物質の固体状態のエントロピーは $T = 0$ においても消滅しないのだ.式 (6.2) の右辺第 1 項は 0 ではなく $S_0 > 0$ であって,実験値は

$$\Delta S = S_{気体} - S_0$$

の値だった,ということになる.S_0 のことを**残余エントロピー**と呼ぶ.

Nernst の熱定理は,$T = 0$ において任意の 2 つの平衡状態(熱力学関数が定義できる状態)のエントロピー差 ΔS_T が消えることを主張し,それは 2 状態のいずれかまたは両方が準安定状態であっても成立する.したがって,ある結晶性固体が残余エントロピーをもつ理由は,$T = 0$ において,その結晶構造が他の結晶構造よりも準安定であるからではなく,他の構造よりも大きなエントロピーをもつ状態だからである.

残余エントロピーをもつ固体は,基底状態のエネルギー E_0 近傍において何らかの理由で縮退があり,状態密度 $W(E_0)$ が,巨視的な量の指数関数 $e^{O(N)}$ となっている(通常の固体では $e^{o(N)}$.135 ページ参照).結晶性固体では,分子の重心は結晶格子を形成し,秩序構造をとる.しかし N_2O および CO の結晶性固体では,分子配向には 2 通り(たとえば,C≡O と O≡C)があって,各分子はいずれかの配向をランダムにとっている.各分子が特定の配向をとる秩序状態は,配向に乱れのある無秩序状態に比べ,わずかにエネルギーが低い

だけであり，ある温度よりも高温では，分子配向の無秩序な固体が最安定状態となる．低温では，部分的な配向秩序をもつ状態になり，$T = 0$ では完全な秩序状態になるはずである．しかし低温では，分子再配向の活性化エネルギーが熱運動のエネルギー kT に比べてはるかに大きくなり，秩序化に向かう変化がきわめて遅くなる．したがって，分子配向の無秩序な構造のまま凍りついてしまう．各分子が 2 通りの分子配向をランダムにとるとすれば，分子数 N の結晶では 2^N 通りの状態が $T = 0$ でも存在し，残余エントロピーは

$$S_0 = k \ln 2^N = Nk \ln 2 = nR \ln 2$$

すなわち

$$S_0 = 1.38 \text{ cal/(K mol)}$$

となる．これは，実験が示唆する残余エントロピーの値に近い．実験値のほうが若干小さいのは，徐冷効果（アニール効果）により，ある程度の秩序化が起こっているためだと考えられる．

水分子 H_2O がつくる結晶相（氷）には数多くの種類があり，それぞれに名前がつけられている．通常の氷（1 atm で水と相平衡にある氷）は氷 Ih と呼ばれる結晶相である．氷 Ih の酸素原子 O は結晶格子を形成するが，非直線状

分子 H_2O の配向に規則性がないため，水素原子 H の配置に関して無秩序性がある．Pauling は，その状態数を次のように見積った．

氷の場合，隣接する 2 つの酸素原子間に 1 つの水素原子が存在する．そして，水素原子はいずれかの酸素原子に近い位置に存在する．したがって，各水素原子は 2 通りの状態をとることができる．水分子の数を N とすると水素原子の数は $2N$ だから，結晶全体としては 2^{2N} 通りの状態数がある．しかし，そのすべてが許されるわけではない．

氷 Ih の中の任意の酸素原子に注目すると，それに 4 つの酸素原子が近接する（近接する 4 つの酸素原子が正四面体の頂点にあり，注目した酸素原子は正四面体の重心に位置する）．中心の酸素原子 O と，近接する各 O との間に水素原子 H が存在する．H は中心の O または近接する O に近い，いずれかの

位置にある．中心の O の周りには合計 4 つの H があり，それらの配置に関して合計 2^4 通りの状態が考えられる．しかし，このうち 2 つの H は中心の O に近い位置に存在し，残りの 2 つは近接する O に近い位置に存在しなければならない（そうでなければ，中心の酸素原子 O が H_2O という分子を構成しない）．そのような配置は，4 つの水素原子 H から 2 つを選ぶ場合の数，つまり 6 通りある．したがって，各酸素原子当り $6/2^4$ の割合の水素原子の配置が許される．これより，通常の氷 Ih における水素原子配置の乱れ（proton disorder）に起因する状態数は

$$2^{2N} \times \left(\frac{6}{2^4}\right)^N = \left(\frac{3}{2}\right)^N$$

となる．この状態数を用いると

$$S_0 = 0.81 \text{ cal}/(\text{K mol})$$

となり，実験値に非常に近い．

　結晶性固体に対して，非晶質固体，アモルファス，あるいはガラスと呼ばれる状態がある．このような状態では，原子あるいは分子が液体状態のように無秩序な構造をとっている．ガラスは真の平衡状態にはなく，時間の経過とともに安定な結晶性固体へと変化（緩和）するはずだが，緩和時間が長すぎるため，事実上そのような変化は観測されない．$T = 0$ のガラス状態から，真の平衡状態（たとえば液体あるいは気体）に移行する可逆過程に伴うエントロピー変化 $\varDelta S$ を測定すると，同じ物質の結晶性固体が $T = 0$ から可逆的に同じ終状態へ移行する過程のエントロピー変化よりも小さいことがわかる．すなわち，ガラスは残余エントロピー S_0 をもち，第三法則が適用できない物質の状態である．

───────────── **問　題** ─────────────

1　0 ℃ で水（液体）が氷（固体）に変化する過程のエントロピー変化は $\varDelta S = -21.99 \text{ J}/(\text{K mol})$ である．このエントロピー変化の大きさを直感的にとらえる

142 ● 第6章　熱力学第三法則

ために、N 個の同一の f 面体〝サイコロ〟を考える。各サイコロは f 個の配向（〝目〟）のいずれかをとる。各サイコロが他のサイコロに関係なくランダムな配向をとり、時々刻々とそれぞれの配向が変化する巨視的状態（〝液体〟状態）から、すべてのサイコロが同一の配向をとる巨視的状態（〝固体〟状態）へと変化するときのエントロピー変化を、エントロピー S と、ある巨視的状態にある系がアクセス可能な微視的状態数 $W(U)\Delta E$ との関係を与える Boltzmann の式（135 ページ）を用いて表し、それが水から氷への相転移に伴う ΔS に最も近くなるサイコロの配向の数 f（整数）を求めよ。

2 　1 atm 以下の低圧、72 K 以下の極低温における物質としての水の最安定相は氷 Ih（通常の氷）ではなく、氷 XI である。氷 XI の酸素原子の配置は基本的に氷 Ih のそれと等しいが、氷 XI の水素原子の配置は秩序化している。

　(a) 水の p-T 相図において、氷 XI-氷 XI 相境界線の傾き dp/dT がどのようなものか予想せよ。

　(b) 氷 Ih を単純にそのまま冷却すると、相転移は起こらず、0 K の極限までそのままの構造を保つ。このとき、$\Delta S_T = S(\text{Ih}) - S(\text{XI})$ としたとき、式 (6.1) は成立するかどうか考察せよ。

3 　固体から気体までの熱容量測定と、式 (6.2) から得られる気体メタン CH_4 のエントロピー S(実験) は、気体メタンの分光学的データと統計力学に基づく計算から得られるエントロピー S(計算) と実験誤差の範囲で一致する。しかし、CH_4 の水素を重水素 D で置換した同位体 $CH_3D, CH_2D_2, CHD_3, CD_4$ の S(実験) と S(計算) との差 S(計算) $- S$(実験) は $2.83, 3.53, 2.75, -0.04\ \text{cal/(K mol)}$ である。この結果について考察せよ。

付録
3相平衡系におけるてこの規則

ここでは式（4.4）を一例とする，3相平衡系におけるてこの規則を導く．

まず，てこの規則を一般的な形式で表す．X, Y および V を示量変数とする．不均一系におけるこれらの値は，3つの共存相 α, β, γ における，それらの値の和に等しい．たとえば

$$V = V^\alpha + V^\beta + V^\gamma$$

である．さらに密度 x, y を

$$x = \frac{X}{V}, \qquad y = \frac{Y}{V}$$

と定義する．各相の密度は，たとえば

$$x^\alpha = \frac{X^\alpha}{V^\alpha}$$

である．そうすると，3相平衡系に関するてこの規則は，次のようになる．

$$\frac{V^\alpha}{V^\beta} = \frac{\begin{vmatrix} x - x^\beta & x^\gamma - x \\ y - y^\beta & y^\gamma - y \end{vmatrix}}{\begin{vmatrix} x^\alpha - x & x^\gamma - x \\ y^\alpha - y & y^\gamma - y \end{vmatrix}} \tag{A.1}$$

これは次のように示すことができる．まず

$$x - x^\beta = \frac{x^\alpha V^\alpha + x^\beta V^\beta + x^\gamma V^\gamma}{V} - x^\beta$$

$$= \frac{1}{V}(x^{\alpha\beta}V^\alpha + x^{\gamma\beta}V^\gamma)$$

に注意する．ただし

$$x^{\alpha\beta} = x^\alpha - x^\beta$$

などと表した．そうすると

$$\begin{vmatrix} x - x^\beta & x^\gamma - x \\ y - y^\beta & y^\gamma - y \end{vmatrix} = \frac{V^\alpha}{V^2}\, W_{\alpha,\beta,\gamma} \tag{A.2}$$

ただし

$$W_{\alpha,\beta,\gamma} = (x^{\alpha\gamma}y^{\alpha\beta} - x^{\alpha\beta}y^{\alpha\gamma})\, V^\alpha + (x^{\beta\alpha}y^{\beta\gamma} - x^{\beta\gamma}y^{\beta\alpha})\, V^\beta$$
$$+ (x^{\gamma\beta}y^{\gamma\alpha} - x^{\gamma\alpha}y^{\gamma\beta})\, V^\gamma$$

と表した．ここで式（A.2）の β を α に，α を β に置換すると

$$\begin{vmatrix} x - x^\alpha & x^\gamma - x \\ y - y^\alpha & y^\gamma - y \end{vmatrix} = \frac{V^\beta}{V^2}\, W_{\beta,\alpha,\gamma}$$
$$= -\frac{V^\beta}{V^2}\, W_{\alpha,\beta,\gamma}$$

ここで，恒等式

$$W_{\beta,\alpha,\gamma} = -\, W_{\alpha,\beta,\gamma}$$

を用いた．したがって

$$\frac{\begin{vmatrix} x - x^\beta & x^\gamma - x \\ y - y^\beta & y^\gamma - y \end{vmatrix}}{\begin{vmatrix} x - x^\alpha & x^\gamma - x \\ y - y^\alpha & y^\gamma - y \end{vmatrix}} = -\frac{V^\alpha}{V^\beta}$$

これは式（A.1）に等しい．

もっと勉強するために

熱力学を理解できているかどうかを確めるためにも，また物理現象を熱力学に基づいて考察する力をつけるためにも，演習問題に取り組むことは大いに役に立つ．

1) 久保亮五編，『大学演習　熱学・統計力学（修訂版)』（裳華房，1998).

はそれにふさわしい名著である．学ぶことの多い演習問題が数多く含まれている．

2) H. B. Callen, "Thermodynamics and an Introduction to Thermostatistics, Second Edition"（Wiley, 1985).

は，基本法則の導入部分で本書とは異なる流儀を採用しているが，独学に適した教科書である．

著者（Widom）は，おもに Guggenheim の以下の名著から熱力学を学んだ．

3) E. A. Guggenheim, "Thermodynamics: An Advanced Treatment for Chemists and Physicists, Fifth Edition"（North-Holland, 1967).

以下の教科書では，熱力学の原理に関して，曖昧な理解に陥らないように明快かつ丁寧な説明がなされている．

4) H. Reiss, "Methods of Thermodynamics"（Dover, 1997).

界面の熱力学は以下の第 2 章で学ぶことができる．

5) J. S. Rowlinson and B. Widom, "Molecular Theory of Capillarity"（Dover, 2002).

液体・溶液の熱力学については

6) J. S. Rowlinson and F. L. Swinton, "Liquids and Liquid Mixtures, Third Edition"（Butterworth Scientific, 1982).

が名著といえる．溶液の熱力学の理論だけでなく，実際に役に立つ実験データや相図を多く含む．

146 ● もっと勉強するために

　最後に，Gibbs の古典的名著をあげる．熱力学の基本原理だけでなく，非常に多岐にわたる内容が含まれている．平衡熱力学の範囲内で，研究者が新しい問題を見つけ，結果を導いたとしても，すでに Gibbs が，何も付け加える余地がないほどに定式化していることが少なくないと言われている．

7)　J. W. Gibbs, "The Scientific Papers of J. Willard Gibbs, Vol. I, II" (Longmans, Green, 1928).

問題の解答

―― **第1章** ――

1　　$\Delta V = V_{気体} - V_{液体}$

　　　　　　$= \dfrac{RT}{p} - V_{液体}$　　（∵ 水蒸気は理想気体で，$n = 1\ \text{mol}$）

　　　　　　$= \dfrac{(8.31446\ \text{J/(K mol)})(373.15\ \text{K})}{101325\ \text{bar}} - 18 \times 10^{-6}\ \text{m}^3/\text{mol}$

　　　　　　$= 0.030602\ \text{m}^3/\text{mol}$

よって，仕事は

　　　$-w = (0.030602\ \text{m}^3/\text{mol})(101325\ \text{bar})$

　　　　　$= 3101\ \text{J/mol}$

蒸発熱（潜熱）は仕事の十倍以上である．潜熱として吸収されたエネルギーの大部分は，液体における近接分子間引力（水素結合の引力を含む）に抗うために費やされ，残りの 10% 程度が仕事に変換される．

2　前者の，系がなす仕事は

　　　$-w = 1\ \text{cm}^3\,\text{atm}$

　　　　　$= 0.10\ \text{J}$

後者の，系になされる仕事は

　　　$+w = (73 \times 10^{-3}\ \text{N/m})(1\ \text{cm}^2)$

　　　　　$= (73 \times 10^{-3}\ \text{J/m}^2)(1\ \text{cm}^2)$

　　　　　$= 73 \times 10^{-7}\ \text{J}$

まずは両者の符号の違いに注意しよう．体積が増加するときには系**が**周囲に仕事を**なす**が，界面張力に抗って面積を増大させるときには系**に**仕事が**なされる**．仕事の大きさを比べると，後者のほうが格段に小さい．その理由は，液体の表面層は 1 Å 程度の薄さであり，したがってこの場合，わずか $10^{-8}\ \text{cm}^3$ 程度の液体しか影響を受けないからである．これは前者の 1 cm³ に比べると格段に少ない．

第2章

1 $pV = -\Omega(t)$ (t のみの関数),$U = U(t)$ と記す.(正の量 pV を "$-\Omega$" と,マイナス記号を付けて表すのは単に慣例によるものだ.t のみに依存する限り,どのような記号を用いてもよい.)

図 A において,$p_1, V_1 \longrightarrow p_2, V_2$ は温度 t_1 の等温過程だから,このとき
$$-w = \int_{V_1}^{V_2} p\,dV = -\Omega(t_1)\int_{V_1}^{V_2}\frac{dV}{V} = -\Omega(t_1)\ln\frac{V_2}{V_1}$$

しかし,等温(t は一定)かつ $U = U(t)$ だから,この過程では $\Delta U = 0$ である.したがって
$$q_{t_1} = -w = -\Omega(t_1)\ln\frac{V_2}{V_1}$$

同様に,温度 t_3 の等温過程 $p_3, V_3 \longrightarrow p_4, V_4$ では
$$q_{t_3} = -\Omega(t_3)\ln\frac{V_4}{V_3}$$

したがって
$$\frac{q_{t_1}}{q_{t_3}} = \frac{-\Omega(t_1)\ln(V_2/V_1)}{-\Omega(t_3)\ln(V_4/V_3)} \tag{1}$$

一方,断熱過程 $p_2, V_2 \longrightarrow p_3, V_3$ と $p_4, V_4 \longrightarrow p_1, V_1$ では
$$\begin{aligned}dU &= dw \quad (\because \text{断熱}) \\ &= -p\,dV \quad (\because \text{可逆}) \\ &= \Omega(t)\frac{dV}{V}\end{aligned}$$

一般に断熱過程では

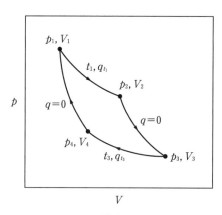

図 A

$$\frac{1}{-\Omega(t)}\,dU = -\frac{dV}{V}$$

だから

$$\int_{t_1}^{t_3}\frac{1}{-\Omega(t)}\frac{dU(t)}{dt}\,dt = -\int_{V_2}^{V_3}\frac{dV}{V} \tag{2}$$

$$= -\ln\frac{V_3}{V_2} \quad (断熱過程\ t_1, p_2, V_2, \longrightarrow t_3, p_3, V_3)$$

$$\int_{t_3}^{t_1}\frac{1}{-\Omega(t)}\frac{dU(t)}{dt}\,dt = -\int_{V_4}^{V_1}\frac{dV}{V} \tag{3}$$

$$= -\ln\frac{V_1}{V_4} \quad (断熱過程\ t_3, p_4, V_4 \longrightarrow t_1, p_1, V_1)$$

ここで，式 (2) と (3) の左辺は符号が反転したものになっているから，右辺（変形の結果）もそうなっていなければならない. すなわち

$$\ln\frac{V_3}{V_2} = -\ln\frac{V_1}{V_4} = \ln\frac{V_4}{V_1}$$

よって

$$\frac{V_3}{V_2} = \frac{V_4}{V_1}$$

したがって

$$\frac{V_2}{V_1} = \frac{V_3}{V_4}$$

ゆえに

$$\ln\frac{V_2}{V_1} = \ln\frac{V_3}{V_4} = -\ln\frac{V_4}{V_3}$$

ここで，式 (1) に上の等式を用いると

$$\frac{q_{t_1}}{q_{t_3}} = \frac{-\Omega(t_1)}{\Omega(t_3)}$$

これはどのような温度 t_1 と t_3 についても成立し

$$-\frac{q_{t_1}}{q_{t_3}} = \frac{T_{t_1}}{T_{t_3}}$$

の形である. すなわち，理想気体の圧力と体積の積 $-\Omega(t)$ は絶対温度 T_t に比例する.

2 次ページの図 B において，経路 1 を過程 a+b，経路 2 を過程 c+d とする. 過程 a, d は V が一定，過程 b, c は p が一定で，C_p, C_v は一定と見なす. 理想気体だから

$$\frac{T_3}{T_1} = \frac{p_2}{p_1} \quad および \quad \frac{T_4}{T_2} = \frac{p_1}{p_2} \tag{1}$$

ところで

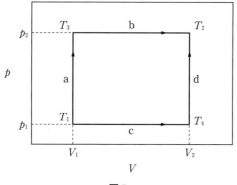

図 B

$$\Delta S_1 = \Delta S_a + \Delta S_b = \int_{T_1}^{T_3} \frac{C_V dT}{T} + \int_{T_3}^{T_2} \frac{C_p dT}{T}$$
$$= C_V \ln \frac{T_3}{T_1} + C_p \ln \frac{T_2}{T_3}$$
$$\Delta S_2 = \Delta S_c + \Delta S_d = \int_{T_1}^{T_4} \frac{C_p dT}{T} + \int_{T_4}^{T_2} \frac{C_V dT}{T}$$
$$= C_p \ln \frac{T_4}{T_1} + C_V \ln \frac{T_2}{T_4}$$

ゆえに

$$\Delta S_1 - \Delta S_2 = C_V \ln \frac{T_3 T_4}{T_1 T_2} + C_p \ln \frac{T_2 T_1}{T_3 T_4}$$
$$= (C_p - C_V) \ln \frac{T_1 T_2}{T_3 T_4}$$
$$= (C_p - C_V) \ln \frac{T_1 T_2}{(p_2/p_1) T_1 (p_1/p_2) T_2} \quad (\because \text{式}1)$$
$$= (C_p - C_V) \ln 1$$
$$= 0$$

3 図 C において，(1) は問題となる不可逆過程．(2)+(3)+(4) は始状態と終状態が (1) と同じである可逆過程．水と周囲のエントロピー変化をそれぞれ $\Delta S, \Delta S'$ とする．

(a) $\Delta S_{(1)} = \Delta S_{(2)} + \Delta S_{(3)} + \Delta S_{(4)}$
$$= \int_{263K}^{273K} \frac{C_p(\text{水}) dT}{T} - \frac{6026}{273} \text{ J/(K mol)} + \int_{273K}^{263K} \frac{C_p(\text{氷}) dT}{T}$$
$$= (75 - 38) \ln \frac{273}{263} - \frac{6026}{273} \text{ J/(K mol)}$$

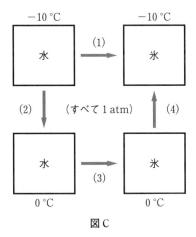

図 C

$$= -20.7 \text{ J/(K mol)}$$

(b) $\Delta S'_{(1)} = -\dfrac{q_{(1)}}{263 \text{ K}}$　　(q は水によって吸収された熱)

$= -\dfrac{\Delta H_{(1)}}{263 \text{ K}}$　　($\because p$ 一定)

$= -\dfrac{1}{263 \text{ K}}(H_{氷,-10°C} - H_{水,-10°C})$

$= -\dfrac{1}{263 \text{ K}}\Big[H_{氷,0°C} + \int_{0°C}^{-10°C} C_p(氷)\,dT$
$\qquad\qquad - \Big\{H_{水,0°C} + \int_{0°C}^{-10°C} C_p(水)\,dT\Big\}\Big]$

$= -\dfrac{1}{263 \text{ K}}\{\Delta H_{(3)} + \Delta C_p \times (-10 \text{ °C})\}$　　($\Delta C_p = C_p(氷) - C_p(水)$)

$= -\dfrac{1}{263}\{-6026 + (38 - 75)(-10)\}\text{ J/(K mol)}$

$= -\dfrac{1}{263}(-5656)\text{ J/(K mol)}$

$= +21.5 \text{ J/(K mol)}$

さて，以上から，水と周囲を合わせたエントロピー変化は

$\Delta S_{(1)} + \Delta S'_{(1)} = -20.7 + 21.5 = +0.8 \text{ J/(K mol)}$

つまり正となる．これは過程 (1) が不可逆過程だからだ．($\Delta S'_{(1)} \neq \Delta S'_{(2)} + \Delta S'_{(3)} + \Delta S'_{(4)}$ であることに注意しよう．これは過程 (1) の後の周囲の状態が，過程 (2)+(3)+(4) の後のそれと異なるからである．過程 (1) の後と過程 (2)+(3)+(4) の後の状態とが同じであるのは，系（水）であって，周囲ではない．

過程 (2)+(3)+(4) は可逆であるから，$\Delta S'_{(2)+(3)+(4)} + \Delta S_{(2)+(3)+(4)} = 0$．したがって $\Delta S'_{(2)+(3)+(4)} = -\Delta S_{(1)} \neq \Delta S'_{(1)}$．）

4 (a) $V, N_1, N_2, \cdots$ が一定または $U, N_1, N_2, \cdots$ が一定のとき，エントロピー S は単に $\ln U$ または $\ln V$ のように変化する（図D）．凹性は明らかである．

1成分系では
$$S = Nk \ln \left\{ \frac{eV}{N} \left(\frac{4\pi e U m}{3h^2 N} \right)^{3/2} \right\}$$

U, V が一定で N の関数と見なせば
$$S = Nk \ln c N^{-5/2} = -\frac{5}{2} Nk \ln cN \quad (c \text{ は定数})$$

の形である．N についての S の1階および2階導関数は，それぞれ
$$-\frac{5}{2} k(1 + \ln c + \ln N) \quad \text{および} \quad -\frac{5}{2} \frac{k}{N}$$

よって，グラフは図E に示した形になり，明らかに凹関数（2階導関数が負）である．

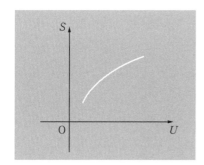
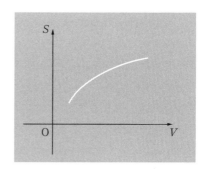

図 D

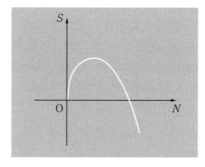

図 E

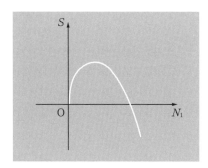

図 F

多成分系では，$U, V, N_2, N_3, \cdots$ を固定して，S を N_1 の関数と見るのだが，計算は難しくなる．
$$c' = eV\left(\frac{4\pi eU}{3h^2}\right)^{3/2}$$
とおくと
$$S = Nk\Big\{\ln c' - \frac{5}{2}\ln N + x_1\ln m_1^{3/2} - x_1\ln x_1$$
$$+ \sum_{i\neq 1}x_i\ln m_i^{3/2} - \sum_{i\neq 1}x_i\ln x_i\Big\}$$

N_1 は
$$N = N_1 + N_2 + \cdots, \quad x_1 = \frac{N_1}{N_1 + N_2 + \cdots}, \quad x_{i\neq 1} = \frac{N_{i\neq 1}}{N_1 + N_2 + \cdots}$$

に含まれている．したがって $N, x_1, x_2, \cdots$ を用いて表した関数を（$N_2, N_3, \cdots$ を固定して）N_1 で微分するには
$$\frac{\partial}{\partial N_1} = \frac{\partial}{\partial N} + \frac{1}{N}(1-x_1)\frac{\partial}{\partial x_1} - \frac{1}{N}\sum_{i\neq 1}x_i\frac{\partial}{\partial x_i}$$

を用いる．これを適用すると次のように計算ができる．
$$\left(\frac{\partial S}{\partial N_1}\right)_{U,V,N_2,N_3,\cdots} = k\ln c' - \frac{5}{2}k\ln N - \frac{5}{2}k + k\ln m_1^{3/2} - k\ln x_1$$
$$\left(\frac{\partial^2 S}{\partial N_1^2}\right)_{U,V,N_2,N_3,\cdots} = -\frac{k}{N}\left(\frac{3}{2} + \frac{1}{x_1}\right) < 0$$

したがって，S は図 F のような凹関数である．

(b) 式 (2.22) より
$$dS = \frac{1}{T}dU + \frac{p}{T}dV - \sum_i \frac{\mu_i}{T}dN_i$$

ただし，この μ_i は分子数ベースの化学ポテンシャルであり，モル数ベースの μ_i

とは Avogadro 数 N_A の因子だけ異なり，質量ベースの μ_i とはその分子種 1 分子の質量の因子だけ異なる．

式 (2.13) から

$$T = \left\{ \left(\frac{\partial S}{\partial U} \right)_V \right\}^{-1}$$

$$= \left(\frac{3}{2} \frac{Nk}{U} \right)^{-1}$$

$$= \frac{2}{3} \frac{U}{Nk} \qquad (\text{ここで } N = N_1 + N_2 + \cdots)$$

同じく

$$p = T \left(\frac{\partial S}{\partial V} \right)_U$$

$$= \frac{2}{3} \frac{U}{Nk} \frac{Nk}{V}$$

$$= \frac{2}{3} \frac{U}{V}$$

式 (2.23) から

$$\mu_i = - T \left(\frac{\partial S}{\partial N_i} \right)_{U, V, \text{all} N_{j(\neq i)}}$$

$$= - \frac{2}{3} \frac{U}{Nk} \left\{ - \frac{5}{2} k + k \ln \left(\frac{c' N^{-5/2} m_i^{3/2}}{x_i} \right) \right\} \qquad ((a) \text{の式より})$$

$$= - \frac{2}{3} \frac{U}{Nk} \left[- \frac{5}{2} k + k \ln \left\{ \frac{e V}{N_i} \left(\frac{4 \pi e U m_i}{3 h^2 N} \right)^{3/2} \right\} \right]$$

$$= - \frac{2}{3} \frac{U}{N} \ln \left\{ \frac{V}{N_i} \left(\frac{4 \pi U m_i}{3 h^2 N} \right)^{3/2} \right\}$$

式 (1.6) から

$$H = U + pV$$

$$= U + \frac{2}{3} U$$

$$= \frac{5}{3} U$$

15 ページの式から

$$C_V = \left(\frac{\partial U}{\partial T} \right)_V$$

$$= \left\{ \left(\frac{\partial T}{\partial U} \right)_V \right\}^{-1}$$

$$= \left(\frac{2}{3 Nk} \right)^{-1}$$

$$= \frac{3}{2} Nk$$

同じく

$$C_p = \left(\frac{\partial H}{\partial T}\right)_p$$

ここで

$$H = \frac{5}{3} U = \frac{5}{3} \times \frac{3}{2} NkT = \frac{5}{2} NkT$$

で，N が一定のとき，H は T のみに依存する．したがって

$$C_p = \left(\frac{\partial H}{\partial T}\right)_p$$

$$= \frac{dH}{dT}$$

$$= \frac{5}{2} Nk$$

―――― 第3章 ――――――――――――――――――――――――

1　U は示量変数だから，$U = U(V, T)$ ならば

$$U = Vu(T)$$

よって

$$\left(\frac{\partial U}{\partial V}\right)_T = u(T)$$

ところで，式 (3.36) と (3.35) から

$$\left(\frac{\partial U}{\partial V}\right)_T = T\left(\frac{\partial p}{\partial T}\right)_V - p$$

また，問題文中で与えられている通り

$$p = \frac{1}{3} u$$

である．したがって，これら3式をまとめて

$$\frac{1}{3} T \frac{du}{dT} - \frac{1}{3} u = u$$

よって

$$T \frac{du}{dT} = 4u$$

これは

$$d\ln u = 4\,d\ln T$$

$$= d\ln T^4$$

よって
$$\ln u = \ln T^4 + 定数$$
ゆえに
$$u = \beta T^4$$
次に，2通りの C_V の表式 (2.20) と (2.19) から
$$T\left(\frac{\partial S}{\partial T}\right)_V = \left(\frac{\partial U}{\partial T}\right)_V$$
上に出てきた関係式を適宜代入すれば
$$T\left(\frac{\partial S}{\partial T}\right)_V = V\frac{du(T)}{dT} = \frac{4Vu(T)}{T}$$
左辺に $S = S(V,T) = Vs(T)$ を代入すると
$$T\frac{ds}{dT} = \frac{4u}{T}$$
$$= 4\beta T^3$$
よって
$$\frac{ds}{dT} = 4\beta T^2$$
ゆえに
$$s = \frac{4}{3}\beta T^3 + 定数$$
最後の定数は，とくに根拠のない慣例により 0 とする．

2
$$d\frac{p}{T} = \frac{1}{T}dp + p\,d\frac{1}{T}$$
より
$$dp = T\left\{d\frac{p}{T} - p\,d\frac{1}{T}\right\} \tag{1}$$
また
$$d\frac{1}{T} = -\frac{1}{T^2}dT$$
より
$$dT = -T^2 d\frac{1}{T} \tag{2}$$
また
$$d\frac{\mu_i}{T} = \frac{1}{T}d\mu_i + \mu_i\,d\frac{1}{T}$$
より
$$d\mu_i = T\left\{d\left(\frac{\mu_i}{T}\right) - \mu_i\,d\left(\frac{1}{T}\right)\right\} \tag{3}$$

式 (1), (2), (3) を元の Gibbs-Duhem 式に代入し，共通因子 T を消去すると

$$d\frac{p}{T} - p\,d\frac{1}{T} = -Ts\,d\frac{1}{T} + \rho_1\left\{d\frac{\mu_1}{T} - \mu_1 d\frac{1}{T}\right\} + \cdots$$

これより

$$d\frac{p}{T} = (p - Ts - \mu_1\rho_1 - \cdots)d\frac{1}{T} + \rho_1 d\frac{\mu_1}{T} + \cdots$$

ところで

$$\mu_1\rho_1 + \mu_2\rho_2 + \cdots = \frac{\mu_1 M_1 + \mu_2 M_2 + \cdots}{V} = \frac{G}{V}$$

だから

$$p - Ts - \mu_1\rho_1 - \cdots = -\frac{G + TS - pV}{V} = -\frac{U}{V} = -u$$

ここで u はエネルギー密度．以上より

$$d\frac{p}{T} = -u\,d\frac{1}{T} + \rho_1 d\frac{\mu_1}{T} + \rho_2 d\frac{\mu_2}{T} + \cdots$$

この式は元の Gibbs-Duhem 式に類似しているが，温度微分の係数が s の代わりに $-u$ となっている．

3 (a) $\chi_S = -\dfrac{1}{V}\left(\dfrac{\partial V}{\partial p}\right)_S$

$$= \frac{1}{V}\frac{(\partial S/\partial p)_V}{(\partial S/\partial V)_p}$$

$$= \frac{1}{V}\frac{(\partial S/\partial T)_V(\partial T/\partial p)_V}{(\partial S/\partial T)_p(\partial T/\partial V)_p}$$

$$= -\frac{1}{V}\frac{C_V}{C_p}\left(\frac{\partial V}{\partial p}\right)_T$$

$$= \frac{C_V}{C_p}\chi_T$$

(b) $p(v - b) = RT$

より

$$v = b + \frac{RT}{p}$$

これを使えば

$$\chi = -\frac{1}{v}\left(\frac{\partial v}{\partial p}\right)_T = -\frac{1}{v}\frac{-RT}{p^2} = \frac{RT}{p^2 v}$$

同様に

$$\alpha = \frac{1}{v}\left(\frac{\partial v}{\partial T}\right)_p = \frac{1}{v}\frac{R}{p}$$

ところで

$$C_p - C_V = \frac{TV\alpha^2}{\chi} \qquad (\text{式 } 3.41)$$

モル熱容量 c_p, c_V を用いて書き換え，上の χ, α を代入すると

$$c_p - c_V = \frac{Tv\alpha^2}{\chi} = Tv\frac{R^2/p^2v^2}{RT/p^2v} = R$$

(これは理想気体と同じ結果である．本章の問題 5 (c) 参照)．したがって，上の (a) の結果より

$$\left(\frac{\partial v}{\partial p}\right)_S = \frac{c_V}{c_p}\left(\frac{\partial v}{\partial p}\right)_T$$

$$= \frac{c_V}{c_V + R}\left(\frac{\partial v}{\partial p}\right)_T$$

$$= \frac{c_V}{c_V + R}\left(-\frac{RT}{p^2}\right) \qquad (\because \text{上の } \chi \text{ の変形の最後の式})$$

$$= -\frac{c_V}{c_V + R}\frac{v - b}{p}$$

4 式 (3.45)

$$c = \sqrt{\frac{\gamma}{\rho\chi_T}}$$

を使う．また $1\,\text{atm} = 1.01325 \times 10^6\,\text{g/(cm s}^2)$ だから $1\,\text{atm}^{-1} = 9.869 \times 10^{-7}$ cm s²/g.

1 atm，20 ℃ における乾燥空気では

$$c = \sqrt{\frac{1.40}{(1.205 \times 10^{-3}) \times \{1.00 \times (9.869 \times 10^{-7})\}}} \text{ cm/s}$$

$$= 3.43 \times 10^4 \text{ cm/s}$$

$$= 343 \text{ m/s}$$

三重点における水（液体）では

$$c = \sqrt{\frac{1.001}{1.000 \times \{(5.156 \times 10^{-5}) \times (9.869 \times 10^{-7})\}}} \text{ cm/s}$$

$$= 1.403 \times 10^5 \text{ cm/s}$$

$$= 1403 \text{ m/s}$$

これらの計算結果はほぼ完全に実験と一致する．しかしこれは，ここで引用した圧縮率の値が，そもそも音速の測定から決定されていたからかもしれない．

5 (a) $\left(\dfrac{\partial U}{\partial V}\right)_T = T\left(\dfrac{\partial p}{\partial T}\right)_V - p = T\dfrac{nR}{V} - p = 0$

$\left(\dfrac{\partial H}{\partial p}\right)_T = (1 - T\alpha)V = \left\{1 - \dfrac{T}{V}\left(\dfrac{\partial V}{\partial T}\right)_p\right\}V = \left(1 - \dfrac{T}{V}\dfrac{nR}{p}\right)V = 0$

(b) $\alpha = \dfrac{1}{V}\left(\dfrac{\partial V}{\partial T}\right)_p = \dfrac{1}{V}\dfrac{nR}{p} = \dfrac{nR}{nRT} = \dfrac{1}{T}$

$$\chi_T = -\frac{1}{V}\left(\frac{\partial V}{\partial p}\right)_T = -\frac{1}{V}\left(-\frac{nRT}{p^2}\right) = \frac{nRT}{p^2 T} = \frac{1}{p}$$

(c) $C_p - C_V = \dfrac{TV\alpha^2}{\chi_T} = \dfrac{TV(1/T)^2}{1/p} = \dfrac{pV}{T} = nR$

(d) $c = \sqrt{\dfrac{\gamma}{\rho\chi_T}} = \sqrt{\dfrac{\gamma}{(M/V)(1/p)}} = \sqrt{\dfrac{\gamma}{(M/V)(V/nRT)}} = \sqrt{\dfrac{\gamma RT}{M/n}}$

$\qquad = \sqrt{\dfrac{\gamma RT}{m}}$

これは

$$c_{\mathrm{rms}} = \sqrt{\frac{3RT}{m}}$$

と同じ形であり，ほぼ同じ値である．音は〝メッセージ〟で，分子たちはそのメッセンジャーなのだ．そしてメッセージは，メッセンジャーの速さで伝わる．

6 $\qquad dw_{\mathrm{rev}} = -p\,dV + f\,dl$

体積変化が無視できるならば（問題文中で〝そうせよ〟と指示されている）

$\qquad dw_{\mathrm{rev}} = f\,dl$

つまり，この系の熱力学は，通常の流体の熱力学における体積 V を l に，圧力 p を $-f$ にしたものに等しい．したがって

$$\left(\frac{\partial U}{\partial V}\right)_T = T\left(\frac{\partial p}{\partial T}\right)_V - p$$

の代わりに

$$\left(\frac{\partial U}{\partial l}\right)_T = -T\left(\frac{\partial f}{\partial T}\right)_l + f \tag{1}$$

となり，示すべき式が得られる．

〝ゆっくりと〟断熱的に伸ばすことは断熱可逆過程を意味し，したがって等エントロピー過程である．通常の流体については

$$\left(\frac{\partial T}{\partial V}\right)_S = -\frac{(\partial S/\partial V)_T}{(\partial S/\partial T)_V} = -\frac{(\partial p/\partial T)_V}{C_V/T}$$

であるから，V_0 から V へ膨張するとき

$$\Delta T = -\int_{V_0}^{V} \frac{T}{C_V}\left(\frac{\partial p}{\partial T}\right)_V dV$$

問題文にあるように温度変化 ΔT が小さいとき，T はおおよそ一定であり，遅い断熱変化については次のようになる．

$$\frac{\Delta T}{T} \simeq -\int_{V_0}^{V} \frac{1}{C_V}\left(\frac{\partial p}{\partial T}\right)_V dV$$

ここで V を l に，$-p$ を f に代えると

$$\frac{\Delta T}{T} \simeq \int_{l_0}^{l} \frac{1}{C_l}\left(\frac{\partial f}{\partial T}\right)_l dl \tag{2}$$

となり，示すべき式が得られる．

もし，長さ l が一定のとき $f =$ 定数 $\times T$ ならば

$$\left(\frac{\partial f}{\partial T}\right)_l = 定数 = \frac{f}{T}$$

よって式 (1) より

$$\left(\frac{\partial U}{\partial l}\right)_T = -T\left(\frac{\partial f}{\partial T}\right)_l + f$$

$$= -T\frac{f}{T} + f$$

$$= 0$$

これはちょうど V が一定のとき，p が T に比例する理想気体（$pV = nRT$）についての

$$\left(\frac{\partial U}{\partial V}\right)_T = 0$$

と同様の式である．

$C_l > 0$ と

$$\left(\frac{\partial f}{\partial T}\right)_l = 定数 = \frac{f}{T} > 0$$

と，式 (1) よりゴムの温度変化 ΔT は

$\Delta T > 0$ 　（ゆっくりと断熱的に伸ばしたとき）

また，Maxwell の関係式 (3.35)

$$\left(\frac{\partial S}{\partial l}\right)_T = -\left(\frac{\partial f}{\partial T}\right)_l$$

より

$$\left(\frac{\partial S}{\partial l}\right)_T < 0$$

つまり伸ばされたゴムを温度一定でさらに伸ばすときには，エントロピーは減少する．一方，理想気体の場合

$\Delta T < 0$ 　（理想気体が断熱的に膨張するとき）

および

$$\left(\frac{\partial S}{\partial V}\right)_T > 0$$

となり，ゴムの場合と符号は反対である．

7 　　$-\frac{1}{V}\left(\frac{\partial V}{\partial p}\right)_S = \chi_S$

$$= \frac{1}{\gamma}\chi_T \quad （\because 第3章の問題3 (a)）$$

$$= \frac{1}{\gamma}\frac{1}{p} \quad (\because 第3章の問題5(b))$$

したがって，p-V面における等エントロピー線は以下の微分方程式を満たす．

$$\frac{1}{p}dp + \frac{\gamma}{V}dV = 0 \quad または \quad d\ln p + \gamma d\ln V = 0$$

γが一定であれば（これは通常かなり良い近似であり，問題文にもそう仮定するよう指示されている），これは

$$d\ln p + d\ln V^\gamma = 0$$
$$d\ln(pV^\gamma) = 0$$
$$pV^\gamma = 一定$$

となる．この最後の式が，求めるべきp-V面における等エントロピー線の式である．$pV = 定数 \times T$より，T-V面およびp-T面における対応する式は，それぞれ以下のようになる．

$$TV^{\gamma-1} = 一定 \quad および \quad \frac{T^\gamma}{p^{\gamma-1}} = 一定$$

第4章

1 無限小の熱dq_Vが体積一定のもとで吸収されると，図Gの3相共存状態が実現する三角形内部の点×はρが一定のまま，やや高いuに移動する．しかし，その点は三角形内部にとどまる．よってTは（そしてpも）その三角形における値にとどまる．すなわち

$$dT = 0$$

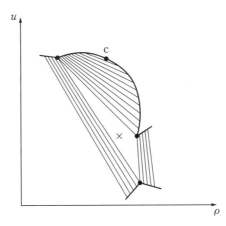

図G

162 ● 問題の解答

よって
$$C_V = \frac{dq_V}{dT} = \infty$$

2 (a) 第2章の問題4の解答より
$$T = \frac{2}{3}\frac{U}{Nk} \qquad (ここで N = N_1 + N_2 + \cdots)$$
および
$$p = \frac{2}{3}\frac{U}{V}$$
よって
$$U = \frac{3}{2}NkT$$
および
$$V = \frac{NkT}{p}$$
が得られる．そうすると，与えられた S より
$$S = Nk\ln\left\{\frac{kT}{p}\mathrm{e}\left(\frac{2\pi\mathrm{e}kT}{h^2}\right)^{3/2}\left(\frac{m_1^{3/2}}{x_1}\right)^{x_1}\left(\frac{m_2^{3/2}}{x_2}\right)^{x_2}\cdots\right\}$$
ただし
$$x_i = \frac{N_i}{N}$$
さらに
$$H = \frac{5}{3}U$$
より
$$H = \frac{5}{2}NkT$$
が得られる．以上により，$N = N_1 + N_2 + \cdots$ と $x_i = N_i/N$ を用いて，S, H および V を $T, p, N_1, N_2, \cdots$ によって表すことができた．

(b) S, G, H, V の添え字 i は，p, T において，分子数 N_i からなる純粋気体 i を指すことにする．そうすると，上の (a) より
$$S_i = N_i k\ln\left\{\frac{kT}{p}\mathrm{e}\left(\frac{2\pi\mathrm{e}m_i kT}{h^2}\right)^{3/2}\right\}$$
$$G_i = H_i - TS_i$$
$$H_i = \frac{5}{2}N_i kT$$
$$V_i = \frac{N_i kT}{p}$$

したがって

$$\Delta S = S - \sum_i S_i$$

$$= S - \left[k \ln \left\{ \frac{kT}{p} e \left(\frac{2\pi e kT}{h^2} \right)^{3/2} \right\} \right] \underbrace{\sum_i N_i}_{=N} - \frac{3}{2} k \sum_i N_i \ln m_i$$

$$= Nk \sum_i x_i \ln \frac{m_i^{3/2}}{x_i} - \frac{3}{2} k \sum_i N_i \ln m_i$$

$$= \frac{3}{2} Nk \sum_i x_i \ln m_i - Nk \sum_i x_i \ln x_i - \frac{3}{2} k \sum_i \underbrace{N_i}_{=Nx_i} \ln m_i$$

$$= -Nk \sum_i x_i \ln x_i$$

$$= Nk \sum_i x_i \ln \frac{1}{x_i}$$

$$\Delta H = H - \sum_i H_i$$

$$= \frac{5}{2} NkT - \frac{5}{2} kT \sum_i N_i$$

$$= 0$$

$$\Delta G = \Delta H - \Delta(TS)$$

$$= \Delta H - T \Delta S$$

$$= -NkT \sum_i x_i \ln \frac{1}{x_i}$$

$$\Delta V = V - \sum_i V_i$$

$$= \frac{NkT}{p} - \frac{kT}{p} \sum_i N_i$$

$$= 0$$

(c) T, V における純粋気体 i のエントロピーは，(b) の S_i において，p を $N_i kT/V$ に代えたものである．すなわち

$$S_i = N_i k \ln \left\{ \frac{V}{N_i} e \left(\frac{2\pi e m_i kT}{h^2} \right)^{3/2} \right\}$$

最初と最後の体積は，それぞれ $N_i kT/p$ および NkT/p である．また $N = N_1 + N_2 + \cdots$．よって

$$\Delta S_i = N_i k \ln \frac{N}{N_i}$$

$$= Nk x_i \ln \frac{1}{x_i}$$

さらに

$$\sum_i \Delta S_i = Nk \sum_i x_i \ln \frac{1}{x_i}$$

これは(b)で求めた混合エントロピーと同じである．すなわち，混合エントロピーは（最初の混合されていない別々の気体と，最終的な混合気体がすべて同じ p にあるとき），単に別々の気体の膨張のエントロピーの和として理解することができる．各々の気体が別々に，混合気体が占める体積まで膨張すると，その状態から混合するときには，エントロピーはまったく変化しない．

3 第2章の問題3の解答で定義した経路 (2)+(3)+(4) に対して

$$\begin{aligned}
\Delta H &= \Delta H_{(2)} + \Delta H_{(3)} + \Delta H_{(4)} \\
&= \int_{263K}^{273K} C_p(水)\,dT - 6026 \text{ J/mol} + \int_{273K}^{263K} C_p(氷)\,dT \\
&= (75 - 38)(273 - 263) - 6026 \text{ J/mol} \\
&= -5656 \text{ J/mol}
\end{aligned}$$

一方，ΔS は前に示した通り

$$\Delta S = -20.7 \text{ J/(K mol)}$$

よって

$$\begin{aligned}
\Delta G &= \Delta H - T\,\Delta S \quad (\because 等温) \\
&= -5656 - (263)(-20.7) \text{ J/mol} \\
&= -212 \text{ J/mol}
\end{aligned}$$

さらに

$$\begin{aligned}
T\,\Delta S &= (263)(-20.7) \text{ J/mol} \\
&= -5444 \text{ J/mol} > \Delta H = -5656 \text{ J/mol}
\end{aligned}$$

よって

$$\Delta S \neq \frac{\Delta H}{T}$$

である．そして

$$\Delta G < 0$$

$\Delta S \neq \Delta H/T$ である理由は，この温度 $T\,(= 263\text{ K})$ での変化が平衡ではないからである．この温度は，氷と水が1atmで平衡になる温度ではない．$\Delta G < 0$ である理由は，$-10\,°C$，1 atm での水 $\longrightarrow$ 氷の変化が自発変化（この条件下では氷が安定相）であり，p, T が一定の条件のもとでの自発変化に対して，G は減少しなければならないからである．

4 (a) 3つの分子種 NH_3，HCl，NH_4Cl が1つの化学平衡

$$NH_4Cl \Longrightarrow NH_3 + HCl$$

により拘束されている．よって独立な化学成分の数は $C = 2$．

(b) 上の(a)と同じように3つの分子種があり，化学平衡による拘束が1つある

が，ここではさらに追加で，NH_3 と HCl のモル数に関する化学量論的な拘束

$$n_{NH_3} = n_{HCl}$$

がある．したがって $C = 1$.

(c) 相律 $f = C - P + 2$ が成り立ち，そして (a), (b) ともに $P = 2$，C はそれぞれ求めた．したがって (a) では $f = 2$，(b) では $f = 1$.

5 (a) Clapeyron 式 (4.16)

$$\frac{dp}{dT} = \frac{\Delta H}{T \Delta V}$$

より

$$\begin{aligned}
\Delta H &= T \Delta V \frac{dp}{dT} \\
&= (373.15 \text{ K})(1674 \text{ cm}^3/\text{g} - 1 \text{ cm}^3/\text{g})\left(\frac{27.12}{760} \text{ atm/K}\right) \\
&= 2.2272 \times 10^4 \text{ cm}^3 \text{ atm/g} \\
&= 2.2272 \times 10^4 \times 0.101325 \text{ J/g} \\
&= 2257 \text{ J/g}
\end{aligned}$$

これはデータの精度内で実験結果に一致している．

(b) Clausius–Clapeyron 式 (4.17) を書き換えて

$$\frac{1}{p} \frac{dp}{dT} = \frac{\Delta H_m}{RT^2}$$

ここで ΔH_m は 1 mol 当りの蒸発熱で，上の (a) と同じ単位質量当りの蒸発熱を ΔH とすると

$$\Delta H_m = (18 \text{ g/mol})\Delta H$$

100 ℃ における水の蒸気圧は 1 atm だから，以上より

$$\begin{aligned}
\Delta H &= \frac{(27.12/760) \text{ atm/K}}{(18 \text{ g/mol})(1 \text{ atm})}(8.31446 \text{ J/(K mol)}))(373.15 \text{ K})^2 \\
&= 2295 \text{ J/g}
\end{aligned}$$

これが蒸気の比体積を用いずに得た結果である．実験値 $\Delta H = 2254 \text{ J/g}$ と比較すると，Clausius–Clapeyron 式を用いることによる誤差は約 2% である．

―――― **第5章** ――――――――――――――――――――――――――――

1 (a) 式 (5.6) より

$$\frac{c_{A_2}}{c_A{}^2} = K(T)$$

よって

$$\frac{n_{A_2}/V}{(n_A/V)^2} = K(T)$$

これより

$$\frac{n_{A_2}}{n_A{}^2} = \frac{K(T)}{V}$$

ところで $n_A + 2n_{A_2} = n_o$ より, $n_{A_2}/n_A{}^2 = (n_o - n_A)/2n_A{}^2$. これを上式に代入, 整理すれば

$$\frac{2K(T)}{V} n_A{}^2 + n_A - n_o = 0$$

したがって

$$n_A = \frac{V}{4K(T)}\left(-1 + \sqrt{1 + \frac{8K(T)n_o}{V}}\right)$$

ただし負の平方根は除外した. そうしないと n_A が負になるからである. 以上より

$$pV = (n_A + n_{A_2})RT$$
$$= \frac{1}{2}(n_A + n_o)RT$$

ゆえに

$$p = \frac{n_o RT}{V}\left\{\frac{1}{2} + \frac{V}{8K(T)n_o}\left(-1 + \sqrt{1 + \frac{8K(T)n_o}{V}}\right)\right\}$$

(b) 上の平方根は $8K(T)n_o/V < 1$ のとき

$$\sqrt{1 + \frac{8K(T)n_o}{V}} = 1 + 4K(T)\frac{n_o}{V} - 8\left\{K(T)\frac{n_o}{V}\right\}^2 + \cdots$$

したがって

$$p = \frac{n_o RT}{V}\left\{\frac{1}{2} + \frac{1}{2} - K(T)\frac{n_o}{V} + \cdots\right\}$$
$$= \frac{n_o RT}{V}\left\{1 - K(T)\frac{n_o}{V} + \cdots\right\}$$

よって

$$B(T) = -K(T)$$

(c) Boyle 温度で $B(T)$ は符号を変える. しかし, 平衡定数 $K(T)$ は常に正である. よって, この系は Boyle 温度をもたない (温度無限大において, 気体は完全に解離すると想像すれば —— そして実際, それはもっともらしいが —— K はそのとき 0 となる. よって $T = \infty$ が Boyle 温度だと主張したくなるかもしれない. しかし, それは言葉の拡大解釈というものだろう).

(d) 無限大の体積では, 気体は完全に解離するだろう. それは, たとえば先の (a) で現れた関係式 $n_{A_2}/n_A{}^2 = K(T)/V$ より, $V = \infty$ で $n_{A_2} = 0$ となることか

らわかる．この極限では，気体の全モル数 $n_A + n_{A_2}$ と A の全モル数 n_0，つまり $n_A + 2n_{A_2}$ は同じになる．したがって p つまり nRT/V は，漸近的に $n_0 RT/V$ に等しくなる．

2 もし安息香酸が単量体として両溶媒中で存在するとすれば，$c_w/c_b = K$ が成り立つ．ここで c_w と c_b は，それぞれ水およびベンゼン相における安息香酸の濃度であり，分配係数 K は，濃度に依存しない定数になるはずである（いずれの溶液も希薄だから）．さて，与えられた5つの濃度対について，水相での濃度の高い順に比をとると

$$\frac{c_w}{c_b} = 0.030, 0.047, 0.060, 0.093, 0.107$$

となり，定数ではなく，一貫して増大する．したがって，安息香酸が両溶媒中で単量体であるという仮定は成り立たない．

代わりにもし，水相では単量体，ベンゼン相では二量体であるとすれば，平衡は

$$B_2(b) \rightleftharpoons 2B(w) \qquad （B は安息香酸）$$

となり

$$\frac{c_w^2}{c_b} = K$$

が成立することになる．ここでの K は平衡定数であり，前の K とは（次元さえも）異なる．しかし，濃度に依存しない点では同じである．この仮定を試すために，先と同じ5対について同じ順で計算すると

$$\frac{c_w^2}{c_b} = 0.0086, 0.0092, 0.0089, 0.0091, 0.0085 \text{ g/100 cm}^3$$

これは，やむを得ない実験データのばらつきの範囲内で確かに定数であるといえる．したがってデータは，安息香酸が水相では単量体，ベンゼン相では二量体になるという仮定と矛盾しない．

3
$$\Delta T_f = \frac{RT_f^2}{\Lambda_f} \mathfrak{m}$$

より

$$\begin{aligned}
\mathfrak{m} &= \frac{\Lambda_f \Delta T_f}{RT_f^2} \\
&= \frac{(334 \text{ J/g})(10 \text{ K})}{(8.31446 \text{ J/(K mol)})(273 \text{ K})^2} \\
&= 0.00539 \text{ mol } C_3H_8O_3/\text{g water}
\end{aligned}$$

グリセロールのモル質量は 92 g/mol だから，その質量濃度は

$$0.00539 \times 92 = 0.496 \text{ g } C_3H_8O_3/\text{g water}$$

そうすると，溶液中のグリセロールの質量分率は $0.496/1.496 = 0.33$，すなわち

168 ● 問題の解答

質量パーセント濃度は 33% となる．実験値の 30.5% との一致は予想以上に良く，
ある程度は偶然の結果と思わねばならない．

第6章

1 略.

2 略.

3 略.

索　引

欧文

Andrews　80
Boltzmann 定数　32
Boltzmann の式　135
Boyle 温度　111
Carnot サイクル　21
Celcius 温度　25
Clapeyron 式　94,96
Clausius-Clapeyron 式　97
Coulomb 力　115
Debye-Hückel 理論　115
Euler の定理　42
Fahrenheit 温度　25
Gibbs　42,77
Gibbs 自由エネルギー　46
Gibbs-Duhem 式　47
Gibbs-Helmholtz 式　66
Helmholtz 自由エネルギー　46
Henry 定数　116
Henry の法則　116
Hesse 行列　38
Joule 膨張　112
Joule-Thomson 係数　114
Joule-Thomson 膨張　114
Kelvin 目盛　25
Laplace の式　58
Legendre 変換　46
Maxwell の関係式　69
Nernst の熱定理　134
Ostwald 吸収係数　117
proton disorder　141

pV 仕事　8
Rankine 目盛　25
Raoult の法則　118
Schreinemakers 則　92,93
van der Waals　80
van't Hoff の法則　128

あ

亜酸化窒素　139
アゼオトロープ　103
アモルファス　141
安定条件　41,55

い

1 次相転移　91
一酸化炭素　139

え

エネルギー　8
エネルギー密度　66,84
エンジン　19,20
エンタルピー　13
エントロピー　29
エントロピー密度　65

お

凹関数　37
凹性　38
音速　72
温度　1
温度計　2
温度履歴　6

170 ● 索　引

界面　7,57
界面張力　7,58,82
化学平衡　63,109
　　── の条件式　64
化学ポテンシャル　41
化学量論係数　63
可逆過程　4
華氏温度　25
過冷却水　43,132
環境　3
完全微分　11,12

気体定数　16
希薄溶液　107,116
逆浸透　126
逆転温度　114
凝固点降下　126
共沸　101
共沸混合物　103
共役変数　46

グラファイト　101
グランドカノニカル自由エネルギー　48,
　53

け

系　3
経験的温度目盛　2
経路　5

こ

恒温槽　20,49
高次相転移　91
合成系　37
拘束　32
効率　22

氷　132,140
ゴム　74
固溶体　116
孤立系　3
混合エントロピー　105
混合空間　76

サイクル　6
サーモスタット　20
三重点　78,84
3相平衡　76,83
残余エントロピー　139

示強関数　48
示強性　48
示強的　57
示強変数　57
仕事　4
下に凹　52
下に凸　52
質量作用の法則　110,118
質量密度　84
質量モル濃度　118,122
自発過程　20
周囲　3
自由エネルギー　46
自由度　76
準静的　4
蒸気圧曲線　78
蒸気圧降下　121
状態関数　8
状態方程式　36,107,73
状態密度　32
常流動　91
示量関数　35
示量性　35
示量的　35
示量変数　35

索　引 ● *171*

浸透　126
浸透圧　127

す

水素結合　64

せ

積分因子　30
摂氏温度　25
絶対温度　25
線織面　39
線張力　7
潜熱　88

そ

相境界　75
相図　78
相転移　88
相平衡　75
相律　76
束一的性質　120

た

第2ビリアル係数　111,129
ダイヤモンド　101
タイライン　80,83
炭素　101
断熱　3
断熱圧縮率　71
断熱過程　3,10
断熱材　3
断熱線　71

ち

超流動　91
張力　7

て

定圧熱容量　15
定積熱容量　15

てこの規則　82
電解質溶液　115

と

等エネルギー過程　112
等エンタルピー過程　114
等エントロピー圧縮率　71
等エントロピー線　31,71
等温圧縮率　55,86
等温線　27,71
等温膨張　10,69
統計力学　31,134
独立変数　46
閉じた系　3
凸関数　51
凸性　55

に

2次相転移　91
2相共存　83
2相平衡　76,80

ね

熱　3,9
熱圧力係数　67,68,87
熱膨張係数　66,87
熱容量　15
熱浴　20,49
熱力学空間　16,76
熱力学恒等式　36,65
熱力学不等式　56
熱力学第一法則　8
熱力学第三法則　134
熱力学第ゼロ法則　2
熱力学第二法則　21
熱力学的安定条件　41
熱力学ポテンシャル　56

は

場　57,62

172 ● 索　引

場の空間　76
半透膜　126
反応進行度　63

ひ

比　101
微視的状態　31
非晶質固体　141
180°則　90
開いた系　3
ビリアル級数　110
ビリアル係数　110

ふ

不完全微分　11,12
不均一系　57
沸点上昇　123
部分系　32
分子配向　139
分配係数　120

へ

平衡状態　4
平衡定数　110
ヘリウム 4（^{4}He）　91,136

み

水　64,67
密度　56,57,62
密度の空間　76

も

モル凝固点降下　126
モル沸点上昇　124

ゆ

融解曲線　99

よ

溶解度　68,117
4℃　67,68

ら

ラムダ点　89,92

り

理想気体　43,73
理想気体の法則　97,109
理想溶液　116
量子状態密度　135
臨界点　78,89

著者略歴

Benjamin Widom（ベンジャミン　ウィダム）
1927年生まれ．1949年コロンビア大学卒業，1953年コーネル大学化学科博士課程修了．Ph.D.（コーネル大学）．ノースカロライナ大学博士研究員，コーネル大学化学科教授，ゴールドウィン・スミス冠教授を経て，現在，コーネル大学ゴールドウィン・スミス冠名誉教授．米国科学アカデミー会員．1994年オンサガー賞，1998年ボルツマン賞を受賞．

甲賀　研一郎（こうが　けんいちろう）
1968年生まれ．1991年大阪大学基礎工学部化学工学科卒業，1993年京都大学大学院工学研究科分子科学専攻（修士課程）修了，1996年同大学院同研究科高分子化学専攻（博士課程）修了．博士（工学，京都大学）．現在，岡山大学異分野基礎科学研究所（理学部化学科兼任）教授．2001年〜2003年コーネル大学客員研究員（JSPS海外特別研究員）．

熱力学講義

2024年11月5日　第1版1刷発行

検印省略

定価はカバーに表示してあります．

著作者　Benjamin Widom
　　　　甲賀研一郎
発行者　吉野和浩
　　　　東京都千代田区四番町 8-1
　　　　電話 03-3262-9166(代)
　　　　郵便番号 102-0081
発行所　株式会社　裳華房
印刷所　創栄図書印刷株式会社
製本所　株式会社　松岳社

一般社団法人
自然科学書協会会員

JCOPY〈出版者著作権管理機構 委託出版物〉
本書の無断複製は著作権法上での例外を除き禁じられています．複製される場合は，そのつど事前に，出版者著作権管理機構（電話03-5244-5088，FAX 03-5244-5089，e-mail: info@jcopy.or.jp）の許諾を得てください．

ISBN 978-4-7853-2829-0

© Benjamin Widom, 甲賀研一郎, 2024　　Printed in Japan

物理学レクチャーコース

編集委員：永江知文，小形正男，山本貴博
編集サポーター：須貝駿貴，ヨビノリたくみ

◆ 特徴 ◆
- 企画・編集にあたって，編集委員と編集サポーターという2つの目線を取り入れた．
  編集委員：講義する先生の目線で編集に務めた．
  編集サポーター：学習する読者の目線で編集に務めた．
- 教室で学生に語りかけるような雰囲気（口語調）で，本質を嚙み砕いて丁寧に解説．
- 手を動かして理解を深める"Exercise" "Training" "Practice"といった問題を用意．
- "Coffee Break"として興味深いエピソードを挿入．
- 各章の終わりに，その章の重要事項を振り返る"本章のPoint"を用意．

力 学　　山本貴博 著　　298頁／定価 2970円（税込）

取り扱った内容は，ところどころ発展的な内容も含んではいるが，大学で学ぶ力学の標準的な内容となっている．本書で力学を学び終えれば，「大学レベルの力学は身に付けた」と自信をもてる内容となっている．

物理数学　　橋爪洋一郎 著　　354頁／定価 3630円（税込）

数学に振り回されずに物理学の学習を進められるようになることを目指し，学んでいく中で読者が疑問に思うこと，躓きやすいポイントを懇切丁寧に解説している．また，物理学科の学生にも人工知能についての関心が高まってきていることから，最後に「確率の基本」の章を設けた．

電磁気学入門　　加藤岳生 著　　2色刷／240頁／定価 2640円（税込）

わかりやすさとユーモアを交えた解説で定評のある著者によるテキスト．著者の長年の講義経験に基づき，本書の最初の2つの章で「電磁気学に必要な数学」を解説した．これにより，必要に応じて数学を学べる（講義できる）構成になっている．

熱 力 学　　岸根順一郎 著　　338頁／定価 3740円（税込）

熱力学がマクロな力学を土台とする点を強調し，最大の難所であるエントロピーも丁寧に解説した．緻密な論理展開の雰囲気は極力避け，熱力学の本質をわかりやすく"料理し直す"，曖昧になりがちな理解が明瞭になるようにした．

相対性理論　　河辺哲次 著　　280頁／定価 3300円（税込）

特殊相対性理論の「基礎と応用」を正しく理解することを目指し，様々な視点と豊富な例を用いて懇切丁寧に解説した．また，相対論的に拡張された電磁気学と力学の基礎方程式を，関連した諸問題に適用して解く方法や，ベクトル・テンソルなどの数学の考え方も丁寧に解説した．

◆ コース一覧（全17巻を予定）◆
- 半期やクォーターの講義向け（15回相当の講義に対応）
  力学入門，電磁気学入門，熱力学入門，振動・波動，解析力学，量子力学入門，相対性理論，素粒子物理学，原子核物理学，宇宙物理学
- 通年（I・II）の講義向け（30回相当の講義に対応）
  力学，電磁気学，熱力学，物理数学，統計力学，量子力学，物性物理学

裳華房ホームページ　https://www.shokabo.co.jp/